安徽省自然科学基金项目
"适应气候变化的城市空间形态优化策略研究"（2008085ME160）

应对气候变化

城市空间形态优化方法研究

顾康康　方云皓　钱　兆·著

东南大学出版社
SOUTHEAST UNIVERSITY PRESS
南京

图书在版编目(CIP)数据

应对气候变化:城市空间形态优化方法研究／顾康康,方云皓,钱兆著. — 南京:东南大学出版社,2022.11

ISBN 978 - 7 - 5641 - 9945 - 6

Ⅰ.①应… Ⅱ.①顾… ②方… ③钱… Ⅲ.①城市气候 – 气候变化 – 对策 – 研究 Ⅳ.①P463.3

中国版本图书馆 CIP 数据核字(2021)第 259266 号

应对气候变化:城市空间形态优化方法研究

Yingdui Qihou Bianhua:Chengshi Kongjian Xingtai Youhua Fangfa Yanjiu

著　　者	顾康康　方云皓　钱　兆
责任编辑	贺玮玮
责任校对	李成思
封面设计	王　玥
责任印制	周荣虎
出版发行	东南大学出版社
社　　址	南京市四牌楼2号
经　　销	全国各地新华书店
印　　刷	南京新世纪联盟印务有限公司
开　　本	787mm×1092 mm　1/16
印　　张	8
字　　数	170千字
版　　次	2022年11月第1版
印　　次	2022年11月第1次印刷
书　　号	ISBN　978 - 7 - 5641 - 9945 - 6

定　　价　68.00元

前　言

　　气候变化问题是国内外社会密切关注的话题，也是影响全人类可持续发展的重要议题。全球气候正经历着以变暖为主要特征的显著变化，气候变化引起海平面上升、极端灾害性气候频发、生物多样性减少等一系列问题，已经并将持续对自然和人类社会产生重大影响。尤其是在城市区域，气候变化与快速城镇化的叠加使城市成为气候变化许多关键风险集中体现的区域。随着党的二十大召开以及在"双碳"战略的引领下，国家发展和改革委员会编制相关导则，加强国家应对气候变化工作的顶层设计。国家"十四五"规划提出要改善生态环境质量，建立生态安全屏障，减少污染物的排放等。从相关方案和所采取的行动来看，国内外各政府已经开始在应对气候变化方面作出行动，但是气候变化并不是瞬息之间便可逆转的，全球的气候变化问题依然严峻。

　　在国家积极推进可持续发展的背景下，城乡规划学科迫切需要转变应对气候变化的研究视角，探讨应对气候变化的新思路和新方法。本书在应对气候变化的视角下，探讨城市形态优化的理论与方法，将研究范式推广到城乡规划领域，在此基础上形成能够应用于城乡规划实践的新方法、新标准和新措施。

　　本书共五章，第一章和第二章介绍了研究背景、研究方法以及相关概念和理论；第三章介绍了研究区概况以及对城市气候变化的影响评估；第四章对城市空间形态与城市气候变化的关联性展开分析；第五章提出了有针对性的城市空间形态优化策略。本书适合高等学校城乡规划、风景园林、建筑学、环境科学专业及其他学习城市气候与城市空间形态等相关知识的专业人士作为参考书使用。

本书由顾康康、方云皓、钱兆拟定总体框架、撰写、统稿及审核。各章主要撰写人如下：第一章、第二章由顾康康负责撰写，第三章由顾康康、钱兆负责撰写，第四章、第五章由顾康康、方云皓负责撰写。研究生常鑫悦、解卫东参与了书稿调研、资料整理和部分章节内容的撰写。本书还受到安徽省自然科学基金项目"适应气候变化的城市空间形态优化策略研究"（2008085ME160）的资助。

　　本书涉及范围广、内容庞大、体系复杂，书稿虽经过多次修改调整，但不足之处在所难免，希望广大读者批评指正。

目 录
Contents

绪 论

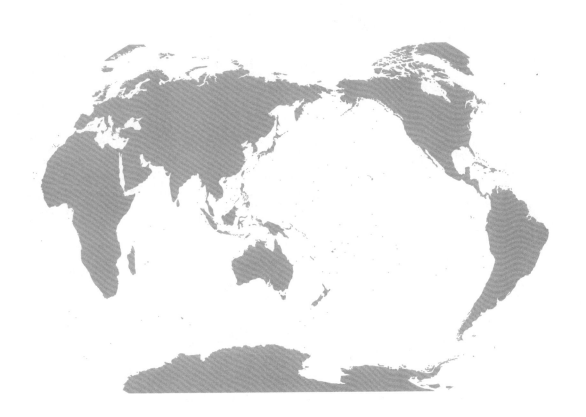

1.1 研究背景

气候变化问题是国内外社会密切关注的话题,也是影响全人类可持续发展的重要议题。全球气候正经历着以变暖为主要特征的显著变化,气候变化引起海平面上升、极端灾害性气候频发、生物多样性减少等一系列问题,已经并将持续对自然和人类社会产生重大影响。尤其是在城市区域,气候变化与快速城镇化的叠加使城市成为气候变化许多关键风险集中体现的区域(崔胜辉 等,2015)。应对气候变化已刻不容缓,国家发展和改革委员会编制的《国家应对气候变化规划(2014—2020年)》加强了国家应对气候变化工作的顶层设计。联合国于2015年11月30日召开《联合国气候变化框架公约》第21次缔约方大会,同年12月12日,近200个缔约方一致同意通过《巴黎协定》,协定为2020年后全球应对气候变化行动作出安排。我国在"十三五"规划中也提出要改善生态环境质量,建立生态安全屏障,减少污染物的排放等。因此,从相关方案和所采取的行动来看,国内外各政府已经开始在应对气候变化方面作出行动。但是气候变化并不是瞬息之间便可逆转的,根据政府间气候变化专门委员会(Intergovernmental Panel on Climate Change,IPCC)于2013年公布的第五次气候变化评估报告,全球的气候变化问题依然严峻。应对气候变化已成为社会发展的迫切需要,是国家可持续发展的战略要求。

如何应对气候变化,改善城市人居环境,已成为城乡规划学科亟待深化研究的课题。城市在应对气候变化方面将发挥决定性作用,而城市规划影响着城市土地、资源与交通等范畴,对城市化过程中资源的合理分配和使用具有协调的作用。因此,合理的城市规划在应对气候变化方面具有重要作用。近些年来,随着极端降雨、雾霾以及高温等灾害对城市正常运转的影响日益突出,解决城市问题、改善城市人居环境已成为社会各界关注和研究的热点,城乡规划学科逐渐关注气候变化。在2017年11月召开的《联合国气候变化框架公约》第23次缔约方大会期间,联合国人居署联合美国规划协会、英联邦规划协会和中国城市规划学会等一批国家和国际规划组织,发起并成立了"应对气候变化规划师联盟(Planners for Climate Action,P4CA)",旨在联合世界各地的城市与区域规划师,积极参与气候变化的有关决策。2016年国家发改委和住建部会同有关部门共同制定发布了《城市适应气候变化行动方案》,对城乡规划提出了新的要求。目前在应对气候变化的城乡规划领域的研究中,研究方向主要包括减缓气候变化、适应极端气候和适应地域气候三个方面,研究成果较为分散(王梓茜 等,2018;洪亮平 等,2011)。国外的研究多为政策的制定、软件模拟定量分析、低碳技术的运用等,国内的研究侧重于规划理论的探讨(叶祖达,2017)。在实践方面,各种尺度范围、功能类型的实例在国内外建设中均有示范,但多处于尝试阶段。因此,为了应对气候变化,探讨如何改善城市人居环境,是城乡规划学科亟待深化研究的课题。

城市形态的优化为应对气候变化提供了新视角。气候变化关乎全人类的共同命运,在中共十九大报告中,习近平总书记指出,在过去5年中,中国引导应对气候变化国际合作,成为全球生态文明建设的重要参与者、贡献者、引领者。同时我国将应对气候变化的挑战作为国内实现可持续发展的内在要求和重要机遇,实施了一系列政策措施和行动。比如加强生态文明建设,实施可持续发展战略,转变生产方式,调整经济结构、产业结构、能源结构,大力发展可再生能源等。但这一系列政策措施和行动多停留在宏观层面和微观层面,宏观层面主要是为了应对气候变化国家制定的一系列政策、行动计划等,微观层面主要是对新能源利用、建筑绿色节能技术等方面的研究,对于中观城市层面的研究较少。近年来,相应的中观城市研究正日益受到科学界和国际组织的重视,空间形态也成为应对气候变化的主要切入点之一(UN-Habitat,2011),开展城市形态应对气候变化的研究、科学认识应对机制,是城市环境与气候变化领域发展的前沿和热点问题,具有十分重要的理论意义和应用价值。

综上所述,在国家积极推进可持续发展的背景下,城乡规划学科迫切需要转变应对气候变化的研究视角,探讨应对气候变化的新思路和新方法。本研究将在应对气候变化的视角下,探讨城市形态优化的理论与方法,将研究范式推广到城乡规划领域,在此基础上形成能够应用于城市规划实践的新方法、新标准和新措施。同时,研究成果有望为我国其他城市进行城市规划时提供借鉴。

1.2　研究目的

（1）明确城市气候变化特征及其风险评估。
（2）提出适应气候变化的城市形态优化策略。

1.3　研究方法与技术路线

1.3.1　研究方法

（1）基础数据库的建立

收集整理城市自然资源数据、环境质量数据、遥感数据、社会经济统计数据、相关规划以及实地调研资料,构建适应气候变化的城市形态数据库,为项目开展奠定数据基础。主要技术方法包括:遥感解译、实地调研、问卷调查、数据录入等。

（2）GIS空间分析

运用ArcGIS软件,通过空间叠加分析、缓冲区分析、表面分析、距离分析等分析气候变化特征及进行风险评估。

（3）实地监测

选择合肥市中不同功能街区（老城区和新城区作为2个对比组，每组3~5个不同功能街区）来实地监测城市气候变化数据，采用空气质量检测仪测定PM_{10}、$PM_{2.5}$浓度，采用风速气象仪测定风速、温度和湿度，监测时段为夏季和冬季天气晴朗的连续3天，09:00—17:00，数据间隔时间为半小时。

（4）驱动力-压力-状态-影响-响应（DPSIR）模型

DPSIR模型是分析环境与社会因果关系并提出相关策略的概念框架，基于DPSIR模型的城市内部形态评价指标体系体现了不同因果链，如"该地区城市空间增长趋势是什么"（驱动力）、"这些趋势如何改变城市形态"（压力）、"气候变化"（状态）、"气候变化引起的相关效应"（影响）、"如何减轻这种影响"（响应）。

（5）多标准决策法

多标准决策法是在复杂的决策环境中用于识别和选择最佳替代方案的技术，用于自然资源和系统管理，以帮助决策者在多个标准之间进行权衡。本研究对研究区进行30 m网格划分，评估标准是当地利益相关者认为对描述城市内部形态很重要的可用标准。采用专家评估法，以审查、评价、选择这些标准，并根据这些标准制定排序，同时运用多标准决策法描述研究区城市内部形态的权重。

1.3.2　技术路线

技术路线图如图1-1所示。

1.4　研究重点与难点

本研究以城市热岛效应和大气污染作为城市气候变化的两个表征因子，以合肥市为例，从市区和街区两个层面探讨城市气候变化演变特征。宏观层面，从城市外部形态探讨城市形态与气候变化的关系；微观层面，从城市内部形态分析城市形态与气候变化的关系。明确空间形态如何有利于城

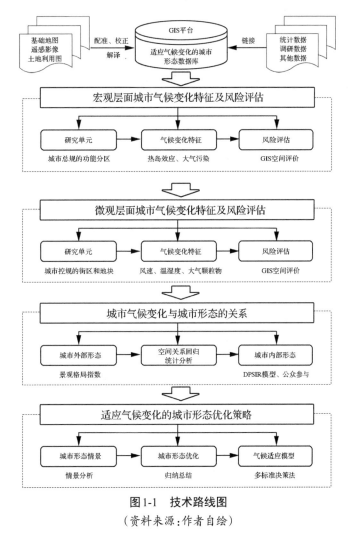

图1-1　技术路线图

（资料来源：作者自绘）

市应对气候变化,提出适应气候变化的城市形态优化策略。

(1) 宏观层面城市气候变化影响评估

以城市总体规划划定的城市分区为研究单元,分析城市热岛效应及大气污染空间分布格局,探讨气候变化的风险影响。

(2) 微观层面城市气候变化影响评估

以城市控制性详细规划划定的城市街区为研究单元,分析不同城市功能街区(居住区、商业区、交通区、城市绿地公园等)微气候及大气颗粒物空间分布特征,明确不同城市功能街区的气候变化的风险影响。

(3) 城市形态与城市气候变化的关系

宏观层面,从城市外部形态探讨城市形态与气候变化的关系;微观层面,从城市内部形态分析城市形态与气候变化的关系。

(4) 城市形态优化策略

构建不同城市形态发展情景,探讨不同情景下城市气候变化的响应,提出适应气候变化的城市形态优化策略。

相关概念及理论研究

2.1 相关概念界定

本研究涉及的相关概念主要包括气候适宜性、城市热岛、空气污染、蓝绿空间、通风廊道、空间形态等。

（1）气候适宜性

气候适宜性是指气候问题对于人居环境品质的适宜性影响,具体包括风舒适性、热舒适性以及对空气污染的消减性三个主要方面。在风舒适性层面,主要表现为当风速过大时,人会因为风压而感到不舒适;在热舒适性层面,主要表现为温度过高或过低,由此引发的感官与体能变化而干扰人的日常行动,严重时甚至危及生命健康;在对空气污染的消减性层面,主要表现为城市中大量有毒且粒径小的物质引起呼吸系统、神经系统方面的疾病(方云皓,2021)。

（2）城市热岛

热岛效应源于20世纪初霍华德(Howard)所提出的伦敦市区温度高于郊区温度,"Urban heat island"的概念是霍华德在《伦敦的气候》一书中首次提出的,即城市热岛效应。在其提出热岛效应概念后的两百年间,针对热岛的研究一直不断进行,不同的学者在不同的国家或地区中都发现并证实了这一现象(Howard L,1833;陈云浩 等,2002)。

（3）空气污染

城市空气污染反映了空气中污染物的聚集现象。目前,大气颗粒物是我国大多数城市的首要空气污染物,即空气中分散的固态颗粒和液滴,例如$PM_{2.5}$、SO_2、NO_2等(祝玲玲,2019a)。大气颗粒物聚集带来的空气污染不仅会引起雾霾、城市热岛效应等一系列大气环境问题,更会严重影响居民的安全健康,对人体健康产生威胁。

（4）蓝绿空间

城市蓝绿空间的概念源于城市的绿色空间和城市的蓝色空间的结合。其中,城市绿色空间是指城市中的植被,这些位于城市建筑外部的空间,能够为城市中的人们提供休憩娱乐的场所,同时也可以为城市提供生态多样性的场所和保护城市的生态多样性(钱兆,2021)。而蓝色空间则指的是城市的水体空间,故可将城市"蓝绿空间"定义为:城市绿地和城市水体的统称(Kabisch N et al,2013)。

（5）通风廊道

对于通风廊道的相关研究最早起源于德国，我国通风廊道相关概念的形成起步较晚。在早期的发展中出现了"通风走廊"与"楔形绿地"等与之有关的概念，这些传统规划理念的诞生，为后来通风廊道相关研究的出现奠定了理论基础。2016年2月，国家发展改革委联合住房城乡建设部下发《关于印发城市适应气候变化行动方案的通知》（发改气候〔2016〕245号），在这则通知中对城市通风廊道的内涵有了更为清晰明确的界定，指利用水体、绿地、道路、广场等人工环境以及湖泊、山谷等自然环境来加速城市空气循环，提高城市空气品质的手段。因此，为了构建通风廊道，首先要厘清城市基础现状，对城市山水条件与空间利用现状有清晰认知。其次，是在现状的基础上因地制宜地对城市交通及现状布局进行控制与调整，打通城市风廊。最后，在引导和大力推动城市通风廊道建设的同时也要监测其建设成果，确保城市通风廊道有效地增强空气的流通性，并促进城市热岛问题与城市雾霾问题的解决(方云皓,2021)。

（6）空间形态

空间形态的概念源自城市形态学(Urban Morphology)。城市形态学对城市的研究主要包括物质环境形态和社会形态两个方面。其中，物质环境形态着重研究一定范围内城市空间中的各类物质性要素的发展规律。空间形态是物质环境形态的一个重要组成部分，空间是城市的基本组成元素，各类空间通过重组、开放、围合等形成不同的城市形态，进而影响和塑造了不同的物质环境形态(谷凯,2001)。本次研究从城市空间形态的不同层面凝练总结出其对城市气候的影响，具体包括城市的地表覆盖、土地利用、建筑形态、道路交通四个层面。

2.2 理论基础

2.2.1 可持续发展理论

20世纪80年代初，"可持续发展"的概念在《世界自然资源保护大纲》中出现，首次提出自然资源对人类社会发展的重要作用。80年代末，在《我们共同的未来》报告中对可持续发展的定义以及相关措施有了明确的界定。可持续发展强调满足当下需要与防止未来损耗两方面的内容，这一理论得到了国际社会的普遍认可。它在满足经济社会发展的前提下强调自然环境对人类发展的重要作用，对于人类社会的永续性发展具有重要意义。在长时间的发展过程中，各国学者对可持续理论进行了多角度全方位的深入探讨，理论成果不断丰富。国际生态学联合会通过对自然环境的承载能力、净化能力的研究，提出提高环境净化更新能力对于可持续发展具有一定作用。世界自然保护同盟提出可持续发展对于提高生活质量具有重要意义。爱德华 B. 巴比尔(Edward B. Barbier)从促进经济发展的角度出发，提出保护自然环境可以促成新兴产业的发展与技术的升级，进而推动产业结构转型、经济结构优化升级，为经济发展注入新的动力，不断找到新的经济增长点。

我国将可持续发展的公平性、持续性、共同性原则纳入社会发展的长期目标之中。我国的发展模式已经由追求规模和速度的粗放型发展转入追求品质的高质量发展模式。可持续发展贯穿我国经济社会发展的全过程,并将继续指导中国城市发展。可持续发展理论为基于气候变化的城市空间形态优化研究提供了理论基础,指明了发展方向。城市规划将可持续发展作为指导思想来引领城市形态优化,以确保城市形态优化不影响自然环境的平衡,并服务于广大居民。

2.2.2 生态学理论

生态学着重研究生物与其所处环境之间的相互关系。生态学主要包含两方面的内容,首先是研究环境为生物物种延续提供的各种支撑支持,其次是反过来研究生物如何通过适应周围环境确保物种得以生存和发展,并进一步探求各类物种对自然环境产生的影响。19世纪60年代,德国学者恩斯特·海克尔(E.Haeckel)首次提出了生态学的概念,各国学者针对这一概念进行了持续不断的探究与挖掘,并对传统生态学研究领域进行了拓展与延伸。生态学的研究开始更多地涉及人类与环境的关系,研究对象由生物精确到人和人类社会,更多人文社科的基础理论开始与生态学理论产生了交汇与融合。

各类学科交叉形成了更为完善的学科体系,通过在生态学取得的丰富理论成果的基础上进一步研究探索,城市生态学成为在这一背景下诞生的交叉学科。城市生态学是研究城市人类活动与周围环境之间关系的一门学科,因其是生态城市建设的直接理论基础之一,所以生态学的很多理论与方法可以移植和应用到生态城市建设理论中(沈清基,2000)。

2.2.3 复合生态系统理论

一般生态学主要研究生物体与周边环境间的关系,将研究主体从生物体进行延伸就可发现,生态已经不仅仅是简单的自然环境的范畴,而是引申成为各种不同环境要素的复合载体。对于城市本身的单一研究,不再能有效地解决城市发展过程中出现的问题,当在城市发展研究中引入生态学视角时,就可以发现对于城市的研究应该转向其自身主体与周边环境的关系研究。基于此,20世纪80年代,马世骏等中国生态学家提出了社会-经济-自然复合生态系统的理论(马世骏 等,1984),他们认为人类社会就是通过人的行为,让社会、经济、自然等相关要素在不同时间、不同空间、不同事物、不同环节及不同关系间流动,各要素间的协调发展就是实现可持续发展的本质(王如松 等,2012)。

复合生态系统既要遵从自然生态的基本规律,也要符合人类活动的行为逻辑。城市是人类在一定地域空间上将自然、社会经济形态及物质空间形态所融合而形成的有机体,通过人这一主体,让城市要素在城市内部、城市间、城乡之间乃至城市与更大区域之间形成良好的协调发展,以自组织的形式让城市与相关要素共同成长发展(刘晓玮,2020)。

2.2.4 区域碳绩效理论

碳绩效一词由绩效演变而来,即反映低碳建设的效率、效果。当前碳绩效分为企业碳绩效和区域碳绩效,前者指企业利用低碳技术,通过对企业进行生产过程低碳化、经营低碳化、日常办公低碳化等一系列的低碳改造,使得企业从高碳排放逐渐变为低碳排放。后者则是指国家或地区通过颁布一系列措施,降低区域碳排放量以达到区域可续发展的目标。自宏观碳绩效理论提出以来,围绕碳绩效的相关研究逐渐增多,目前大致可归纳为三个方面:①经济方面,区域通过技术开发、产业升级、制度创新等各个手段,最大限度地降低二氧化碳排放量,达到经济社会发展与生态环境保护双赢的经济发展形态。②能源方面,相关学者认为,碳绩效本质是要从能源结构上控制碳排放,要最大限度地减少煤炭、石油等一次能源的消耗,从而达到提高能源使用效率的目的(梁臻,2020)。从中国能源消费结构来看,以煤炭为主的火力发电仍是我国主要的发电方式,尽管目前我国正大力开发核能发电、核聚变发电以及其他清洁能源发电,但相关占比仍然较低。因此,除了尽可能地开发和应用清洁能源发电,还应大力鼓励企业、居民在日常工作生活中节约能源,从而降低电能消费强度(即单位GDP耗电量)(李顺毅,2018)。③环境方面,生态系统中森林、耕地、草地利用光合作用吸收大气中的二氧化碳,并将其固定在植被和土壤中,从而减少温室气体在大气中的含量,承担着重要的减碳功能。因此区域在进行生态保护中应通过绿化、植树造林来提高绿地覆盖率,从而抵消一部分二氧化碳的排放(朱江江 等,2011)。在促进城市低碳化发展的同时,提高城市居民的生活质量。区域碳绩效理论为低碳城市实践提供了具体的指导方向,也为评价低碳城市发展水平提供了理论基础,使得报告使用者,尤其是相关政府可以清晰地看到低碳城市的发展状况、效果和效率,从而做出及时有效的响应措施。

2.2.5 区域协调发展理论

生态城市作为一个特定的区域,必须注重其经济、自然、社会各个方面的协调发展。协调是两种或两种以上系统或系统要素之间一种良性的相互关联,是系统之间或系统内各要素之间良性循环的关系(黄光宇 等,1999)。"协调发展"是系统或系统内各要素之间在良性循环的基础上由低级到高级、由简单到复杂、由无序到有序的总体演化过程。王宁认为协调发展不是单一的发展,而是一种多元发展,强调整体性、综合性和内在性的发展聚合,不是单个系统或要素的"增长",而是多系统或多要素在协调这一有益的约束和规定之下的综合发展(王宁,2009)。生态城市在建设与发展的过程中,应将人口、资源、环境、发展等内容作为一个有机整体来综合考虑,使各子系统之间不断相互促进、协调发展。区域协调发展的目的就是减少区域的负效应,以提高区域系统的整体输出功能和整体效应。当然,生态城市的基础理论并不仅仅包括上述几种,还与其他一些理论有着千丝万缕的联系,比如说资源环境学理论、发展经济学理论等,本书仅总结归纳几项与本书关系密切的理论作为基础。生态城市的建设是一个涉及自然、经济、社会等多领域、多层次、多学科的巨大而复杂的系统工程,是一个有待不断深化认识、长期建设的过程。而生态城市理论也是一个开放的理论体系,随着科学和人类实践的发展,它也会不断地把先进的科学成果吸收到自己的理论框架中,使之不断完善,更好地发挥对生态城市建设的指导作用。

应对气候变化——城市空间形态优化方法研究 Yingdui Qihou Bianhua Chengshi Kongjian Xingtai Youhua Fangfa Yanjiu

2.3 本章小结

综上所述,城市气候环境与城市空间形态的相关研究对人居环境品质以及城市可持续发展具有重要的指导作用,相关研究涉及多种学科、多个方面。

本章首先对研究涉及的相关概念进行阐述分析,主要包括气候适宜性、城市热岛、空气污染、蓝绿空间、通风廊道、空间形态等。其次,对研究涉及的基础理论进行梳理概括,主要包括可持续发展理论、生态学理论、复合生态系统理论、区域碳绩效理论与区域协调发展理论。相关研究成果丰富、理论较为成熟,但在关注城市气候环境的同时,缺少与城市的建设实际相结合,同时也忽略了与人居环境的联系。因此,本研究在充分梳理阐述相关理论的基础上,探究应对气候变化的城市空间形态优化方法,总结出城市风环境优化设计策略,对城市规划实践进行指导。

2
相关概念及理论研究

研究区概况及
城市气候变化影响评估

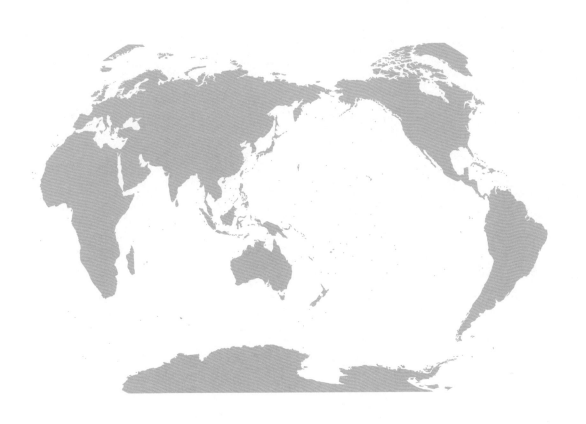

3.1 合肥市基本概况

合肥市作为安徽省省会城市,是国家重要的科研教育基地、现代制造业基地和综合交通枢纽,地处中国华东地区、安徽中部、江淮之间,环抱巢湖,属于中纬度地带,地形以平原、丘陵与山地为主。

在社会经济方面,合肥是长三角城市群副中心,G60科创走廊中心城市、"一带一路"和长江经济带战略双节点城市,截至2020年,总面积11 445 km²,建成区面积528.5 km²,全市常住人口为936.988 1万人,城镇化率达82.28%,实现地区生产总值10 045.72亿元。

在气候环境方面,合肥市主导风向不固定,全年以西北风为主,其中夏秋多东南季风,冬春盛行北风和西北风。气候属亚热带季风性湿润气候,四季比较分明,年均气温15.7℃,年均降水量约1000 mm,平均相对湿度为77%。近年来随着城市扩张和城市建设强度的扩大,城区雾霾天气不断增多,根据生态环境部权威数据编制发布的《2018中国空气质量优良城市TOP50》,在以$PM_{2.5}$为主要污染物的城市排名中合肥位列最后一位。此外城市热岛现象逐年加剧,自2000年后城区与郊区的地表温度分别呈现0.89 ℃/10年、0.44 ℃/10年的上升趋势,尤其近5年(2018—2022年)夏季高温持续时间长的特点更为明显,根据中国国家气象观测站2019年的数据,自7月下旬至8月初,合肥以72小时的高温时长,在全国夏季高温城市排名中位列第一。

3.2 数据来源与处理

基于气候变化与城市空间形态的系统性梳理,本研究在考虑传统空间形态指标数据的基础上,融入反映城市空气污染、城市热岛等实际气候环境状况的数据。具体研究数据分为三类:气象数据、基础地理信息数据以及卫星遥感数据。

(1)气象数据:合肥市气象台站2011—2020年逐小时的风速、风向资料,用于城市背景风环境统计。

(2)基础地理信息数据:合肥市2018年建筑轮廓矢量数据,包括建筑层数、建筑位置等信息,用于城市建筑形态特征提取以及地表通风潜力估算。

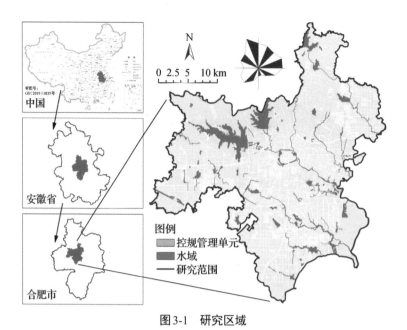

图3-1　研究区域

（资料来源：方云皓.基于气候适宜性的城市通风廊道构建与管控研究：以合肥市主城区为例[D].
合肥：安徽建筑大学,2021.）

（3）卫星遥感数据：30 m空间分辨率晴空 Landsat 8 TIRS 数据,主要用于地表温度反演与归一化植被水体指标计算；1 km 空间分辨率 $PM_{2.5}$ 年平均浓度数据,基于气溶胶光学深度（AOD）数据与气溶胶垂直剖面和散射特性的结合估算而得到的数据集,具有较好的精度（R^2=0.81；$slope$=0.68）,主要用于空气污染状况评估。

3.3　城区气候变化影响评估

在城市总体规划层面,气候变化的影响主要通过城市热岛效应体现。气温升高带来的热能,导致城市中热浪、高温等极端天气,由此引发的感官与体能变化会干扰人的日常行动,严重时危及生命健康。本研究通过计算遥感反演地表温度的方法来反映城市热岛效应格局。

城市地表温度的计算方式有多种,实际测量的方式虽能使结果较为精确,却耗时耗力,测量整个主城区也不符合实际。通过遥感反演的方法却能弥补这一缺陷,同时使结果保持较高的精度,已有的研究论证显示,遥感反演得到的地表温度与实际测量的温度具有高精度的一致性（Sailor D J et al.,2004）。因此本研究通过相关文献的论述,基于ENVI 5.3软件利用FLAASH大气校正法对地表温度进行反演。数据来源于2018年4月11号凌晨2点42分的 Landsat 8 TIRS 数据（https://atmcorr.Gsfc.nasa.gov/）,该时间段云量较少且没有降雨,同时大气可见度较高,具备了良好的地表温度反演条件。该方法综合考虑辐射面的多种功能以及大气对地表热辐射消减的影响,能够较好地反映地面热环境的空间分布情况。其主要由热红外辐射亮度值 L_λ、大气向上辐射亮度 L_u、大气向下辐射亮度 L_d 以及卫星传感器接收地面的真实辐射组成,其具体步骤如下：

$$L_\lambda = [\varepsilon L_T + (1-\varepsilon) L_d] \tau + L_u$$

$$T_s = K_2 / \ln(1 + K_1/L_T)$$

式中 ε 代表地表比辐射率; L_T 代表温度为 $T(K)$ 的黑体在热红外波段的辐射亮度; τ 代表大气透射率, L_u 以及 L_d 均可通过 NASA 官网(https://atmcorr.Gsfc.nasa.gov/)查询获得。其中 τ 为 0.39, 大气向上辐射亮度 L_u 为 1.35 W/($m^2 \cdot sr \cdot \mu m$), 大气向下辐射亮度 L_d 为 2.25 W/($m^2 \cdot sr \cdot \mu m$), 基于此计算地表温度 T_s, 相关的卫星参考系数见表 3-1。

表 3-1 大气校正法相关参数

卫星类型	$K_1/[W \cdot (m^2 \cdot sr \cdot \mu m)^{-1}]$	K_2/K
Landsat 5	607.76	1260.56
Landsat 7	666.09	1282.71
Landsat 8	774.89	1321.08

(资料来源:方云皓.基于气候适宜性的城市通风廊道构建与管控研究:以合肥市主城区为例[D]. 合肥:安徽建筑大学,2021.)

如图 3-2 所示,根据地表温度的分析结果来看,不同的区域在空间上存在差异,在总体分布上,呈现"双峰多谷"的规律,冷热差异较显著。主城区周边的山体以及水体温度较低,普遍低于 18.34 ℃,其中主城区中西北部的董铺水库、大房郢水库温度最低,达 12.62 ℃,是城市中地表温度的多谷区。同时,主城区内部各个片区温度普遍较高,总体高于 31.78 ℃,其中热度高峰区呈斑块状分布,主要包括北部的庐阳区以及西南部的经济技术开发区。总体而言,合肥市主城区的地表温度在空间分布上为"外冷内热"的结构,呈现由内到外温度逐渐降低的圈层分异规律。

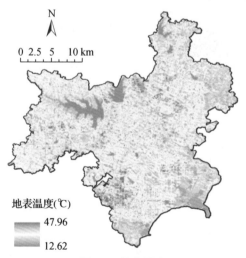

图 3-2 地表温度

(资料来源:方云皓.基于气候适宜性的城市通风廊道构建与管控研究:以合肥市主城区为例[D]. 合肥:安徽建筑大学,2021.)

此外,空气污染对居民身体健康具有直接危害(Zhou et al.,2017;王占山 等,2015),尤其是PM₂.₅污染,已经成为制约城市可持续发展的重要因素。因此,本研究利用2016年

1月1日—2016年12月31日合肥市环境保护局10个国控环境空气自动监测站24 h连续监测数据,分析合肥市主城区PM$_{2.5}$浓度分布特征。

利用ArcGIS空间插值分析得到合肥市主城区不同时期PM$_{2.5}$质量浓度空间分布图(如图3-3所示)。由图可知,2016年1月合肥市主城区PM$_{2.5}$质量浓度的空间分布呈现"双峰多谷"的规律,庐阳区和滨湖新区是PM$_{2.5}$质量浓度高峰区,均值达到95 μg·m^{-3},高新区、明珠广场等地区是PM$_{2.5}$质量浓度低谷区,均值达到81 μg·m^{-3},空间差异达到17%;2016年7月合肥市主城区PM$_{2.5}$质量浓度的空间分布呈现"双峰双谷"的规律,庐阳区和包河区是PM$_{2.5}$质量浓度高峰区,均值达到40 μg·m^{-3},高新区、明珠广场是PM$_{2.5}$质量浓度低谷区,均值达到30 μg·m^{-3},空间差异达到33%。总体而言,合肥市主城区PM$_{2.5}$空间分布呈现庐阳区—滨湖新区的南北高峰带、东西两侧逐渐降低的规律。

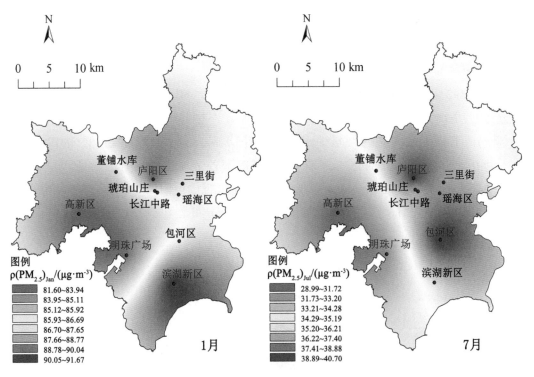

图3-3　合肥市主城区不同时期PM$_{2.5}$质量浓度空间分布图

(资料来源:顾康康,祝玲玲.合肥市主城区PM$_{2.5}$时空分布特征研究[J].
生态环境学报,2018,27(6):1107-1112.)

为进一步研究合肥主城区PM$_{2.5}$空间分布,本研究以合肥市市府广场(城市一环核心区)为中心,绘制不同季节PM$_{2.5}$浓度与监测站距市中心距离的关系图(图3-4)。总体而言,监测站距市中心距离越近,PM$_{2.5}$浓度越高。因此,PM$_{2.5}$浓度在空间上表现为由中心向周围减小的趋势,庐阳区人口密度大、交通流量大,包河区工业用地面积大,滨湖区建筑密度大、容积率高,以上3个监测点PM$_{2.5}$浓度最高。就季节而言,夏季PM$_{2.5}$浓度向市中心增大的趋势明显,冬季PM$_{2.5}$浓度向市中心增大的趋势不明显。

应对气候变化:城市空间形态优化方法研究 Yingdui Qihou Bianhua Chengshi Kongjian Xingtai Youhua Fangfa Yanjiu

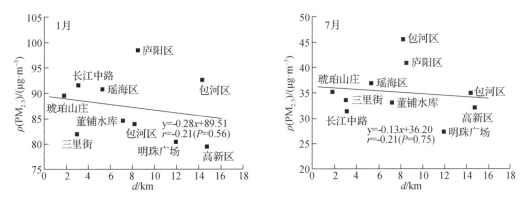

图3-4 不同季节PM₂.₅浓度与监测站距合肥市中心(市府广场)距离的关系

（资料来源：顾康康，祝玲玲.合肥市主城区PM$_{2.5}$时空分布特征研究[J].

生态环境学报，2018，27（6）：1107-1112.）

3.4 街区气候变化影响评估

3.4.1 居住区

（1）研究区域与方法

本研究选择位于合肥市老城区的宝业城市绿苑西区作为居住区颗粒物浓度空间分布特征的研究对象，在居住区内部设置两个监测点，监测点1处于建筑间，监测点2处于中心广场，其具体位置如图3-5所示。

图3-5 宝业城市绿苑西区居住区监测点布置图

（资料来源：祝玲玲，顾康康，方云皓.基于ENVI-met的城市居住区空间形态与PM$_{2.5}$浓度关联性研究[J].

生态环境学报，2019，28（8）：1613-1621.）

研究采用实地监测法和ENVI-met软件模拟对研究区域的PM$_{2.5}$浓度和PM$_{10}$浓度的空间及时间分布特征进行分析，于2018年11月—2019年2月选择连续晴朗的3天对居住区进行测试，测试时间为09：00—17：00，每隔半小时进行监测，监测大气颗粒物指标PM$_{2.5}$浓度和PM$_{10}$浓度。

研究选择合肥市3个居住区（华润紫云府居住区、利港银河广场居住区、新加坡花园

城居住区)为居住区微气候空间特征的研究对象,3个居住区分别位于中心城区、城市边缘区、次中心城区。测试指标包括温度、湿度和风速。选取2017年5—6月间3个晴朗微风的日子进行测试,测试时间为09:00—17:00,风速采用路昌AM-4204HA风速计测定,温湿度采用建通JTR08D温湿度记录仪测定。在每一个居住区分别设置2个测试点,监测点1位于楼间的硬质地面,监测点2位于中心广场绿地。

（2）空间分布特征

宝业城市绿苑西区两个监测点的$PM_{2.5}$浓度和PM_{10}浓度实测数据对比如图3-6所示,处于中心广场(监测点2)的$PM_{2.5}$浓度和PM_{10}浓度大于建筑间(监测点1)的大气颗粒物浓度。中心广场空间比较开阔,周围无建筑遮挡,空气流通顺畅,风速较快,对$PM_{2.5}$和PM_{10}扩散具备较好的条件,但是宝业城市绿苑西区由于中心广场全部以硬质铺装为主,监测点2附近绿化寥寥无几,而建筑间的监测点1灌木乔木较多,虽然周边建筑一定程度上阻挡了风的流动,但是植被具有降温、增湿、调节微气候的功能,此外,植物可以通过叶片孔径、粗糙的叶片茸毛表皮吸收一定量的大气颗粒物,且绿地植被可以防止扬尘的二次污染,从而宝业城市绿苑西区中心广场$PM_{2.5}$浓度和PM_{10}浓度较高。

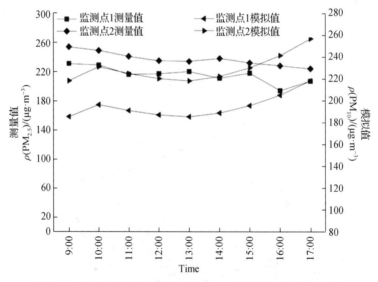

图3-6　宝业城市绿苑西区监测点1、2大气颗粒物浓度对比图

(资料来源:祝玲玲,顾康康,方云皓.基于ENVI-met的城市居住区空间形态与$PM_{2.5}$浓度关联性研究[J].生态环境学报,2019,28(8):1613-1621.)

图3-7是冬季以宝业城市绿苑西区为对象进行模拟后,获得的2018年12月2号15点,水平高度在1.4 m的$PM_{2.5}$浓度分布图。可以看出,在当地湿度、风向、云层厚度等天气气候固定的条件下,居住区内不同的空间$PM_{2.5}$浓度存在较大差异。$PM_{2.5}$随着空气流动而扩散,居住区的风向与风速受居住区内建筑的影响较大,在居住区的下风向,容易随着涡流形成$PM_{2.5}$浓度集聚与沉积的高值区域;周边式布局的居住区内部$PM_{2.5}$浓度明显增加。在建筑的背风向$PM_{2.5}$浓度较大,且当建筑密集排列时十分明显;在建筑稀疏的空间开阔区域,$PM_{2.5}$浓度逐渐被疏散,呈现出较低的浓度。

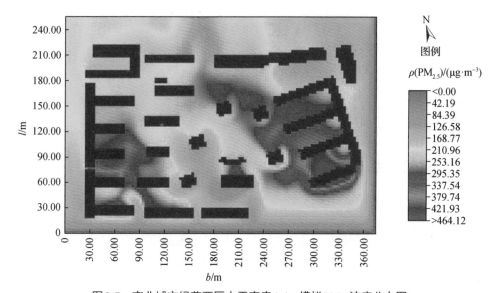

图3-7 宝业城市绿苑西区水平高度1.4m模拟PM₂.₅浓度分布图

（资料来源：祝玲玲，顾康康，方云皓.基于ENVI-met的城市居住区空间形态与PM₂.₅浓度关联性研究[J].
生态环境学报，2019，28（8）：1613-1621.）

图3-8所示为居住区不同监测点的日平均微气候柱状图。居住区两个监测点的日平均温度差异大，华润紫云府居住区、新加坡花园城居住区、利港银河广场居住区监测点1日平均温度分别比监测点2高2.52 ℃、0.81 ℃、0.33 ℃。一方面居住区中心景观绿带地区植被多，植物进行光合作用和蒸腾作用将显热转为潜热（姜荣 等，2016），有效降低周围环境温度；另一方面居住区中心景观绿带地区更开阔，散热较快；此外，测试期间该区域人流量较少，导致温度较低。位于中心城区的华润紫云府居住区两监测点温度相差最大，其次为次中心城区（新加坡花园城居住区）、城市边缘区（利港银河广场居住区），表明在中心城区绿化的降温作用较次中心城区及城市边缘区好。

华润紫云府居住区、利港银河广场居住区监测点2的日均湿度分别比监测点1日均湿度高4.65%、6.1%；新加坡花园城居住区监测点1日均湿度比监测点2日均湿度高4.74%。有关研究表明，植被类型及植物面积指数（Plant Area Index，PAI）不同会造成微气候产生差异（Sanusi et al.，2017），新加坡花园城居住区监测点2温度比监测点1低，这可能与监测点植被类型有关，监测点1虽然处于居住区中心景观绿带地区，但是其绿化种植是以高大乔木为主，灌木和草地植被较少，而监测点2附近植物以灌木和草地为主。位于中心城区的华润紫云府居住区两监测点温度相差最小，其次为次中心城区（新加坡花园城居住区）、城市边缘区（利港银河广场居住区），表明中心城区的绿化增湿作用不明显。

华润紫云府居住区、新加坡花园城居住区、银河利港广场居住区监测点2的日均风速分别比监测点1日均风速高0.37 m/s、0.13 m/s、0.27 m/s。居住区中心景观绿带地区植被多，温度较低，与周围环境形成温差，加速空气流动，且空间也更开阔，通风效果更好。位于中心城区的华润紫云府居住区两监测点风速相差最大，其次为城市边缘区（利港银河广场居住区）、次中心城区（新加坡花园城居住区），表明中心城区的绿化能显著提高居住区风速。

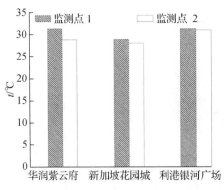
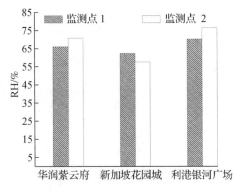

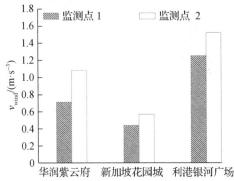

图 3-8　监测点 1 与监测点 2 日均微气候

(资料来源:顾康康,祝玲玲.城市居住区开发强度与微气候的关联性研究——以合肥市为例[J].
生态环境学报,2017,26(12):2084-2092.)

3.4.2　商业区

（1）研究区域与方法

通过对合肥市几个街区和地块的调查、观测和对比,选取位于庐阳区淮河路步行街区的部分区域作为实验监测和数值模拟对象。淮河路步行街区位于合肥老城区,地处合肥最具代表性的现代商业区,是具有较大吸引力的代表性商业步行街,其具体位置如图 3-9 所示,整个区域平面和空间开阔,街区内部街道空间富有变化和层次感,建筑平面形式多样,是研究合肥和老城区形式的典型案例。淮河路步行街街长 920 m、宽 22 m。淮河路步行街凸显了其作为城市重要公共空间和行为场所的价值,也为合肥市微尺度城市空间格局与 $PM_{2.5}$ 导风传播的关系提供了研究价值。北油坊巷位于淮河路步行街北侧,是典型的居住型街道,街道高宽比与建筑形态与淮河路步行街存在显著差异(孙圳,2021)。

为避免车流尾气对实验结果造成影响,本研究选取合肥市老城区不同街谷高宽比、两侧建筑高度比与平面形态的步行街谷进行实测,通过对比不同街谷形态 $PM_{2.5}$ 浓度高低变化特征,可以判断街谷几何形态对 $PM_{2.5}$ 扩散差异的影响,并对数值模拟结果加以验证。运用 ENVI-met 软件构建不同几何形态街谷模型,模拟量化街谷形态模型 $PM_{2.5}$ 垂直分布特征,并根据实测结果进行验证。通过对 $PM_{2.5}$ 分布模拟结果进行分析确定街谷几何形态对 $PM_{2.5}$ 分布的量化分析。

研究通过对淮河路步行街区建筑空间形态进行分析,发现淮河路步行街区街巷众多,街巷多为人车混行,街巷整体长度较短,内部较为拥挤,街区整个平面与空间有收有放,有简有繁,富于变化和层次感。实验点的选择对于实验结果具有关键性的影响,除了要满足对比不同街谷形态的要求,还需要尽量避免现场施工和行人抽烟行为等外界因素对实验的干扰。实验通过实地和百度全景图调研,确定实地测试点位置。

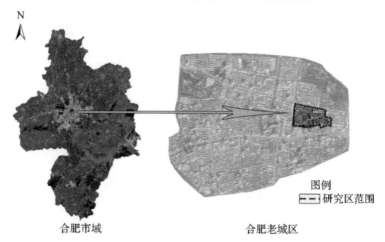

图3-9 淮河路步行街区位图

(资料来源:孙圳.基于街道PM₂.₅分布的街谷空间形态设计策略研究:以合肥市淮河路步行街区为例[D].

合肥:安徽建筑大学,2021.)

(2)空间分布特征

如图3-10所示为10月24—25日3个实测点 $PM_{2.5}$ 浓度时间变化趋势,通过对3个实测点数据进行均值处理后得到逐时 $PM_{2.5}$ 浓度数据。整体来看 $PM_{2.5}$ 浓度随时间整体呈现"单峰单谷"的变化规律,8—9时 $PM_{2.5}$ 浓度呈现上升的趋势,9—13时 $PM_{2.5}$ 浓度不断下降,13时 $PM_{2.5}$ 浓度达到谷值,13—17时 $PM_{2.5}$ 浓度呈现不断上升的趋势,17时 $PM_{2.5}$ 浓度达到峰值。

10月24日8时 $PM_{2.5}$ 浓度最低,3个实测点 $PM_{2.5}$ 浓度均值为45.9 μg/m³,17时 $PM_{2.5}$ 浓度最高,3个实测点 $PM_{2.5}$ 浓度均值为61.2 μg/m³。10月25日 $PM_{2.5}$ 浓度时间变化趋势有所变化,但整体呈现"单峰单谷"的变化规律。9时3个实测点 $PM_{2.5}$ 浓度值最高,均值为92.2 μg/m³,13时 $PM_{2.5}$ 浓度达到"谷值",均值为66.0 μg/m³。通过实测数据分析可知, $PM_{2.5}$ 浓度最低值为13时的2号点,浓度值为60.4 μg/m³, $PM_{2.5}$ 浓度最高值为上午9时的1号点,浓度值为106.9 μg/m³,最大差值达到47.5%。

9时以后大气对流作用加剧,促进空气中大气颗粒物的扩散,从而可以降低 $PM_{2.5}$ 浓度。12时后外出活动的出行车辆逐渐增多,大量汽车尾气排放及扬尘使得 $PM_{2.5}$ 浓度逐渐上升,说明淮河路步行街人流量与周边道路车流是造成该区域 $PM_{2.5}$ 污染的重要原因。

前文分析了3个实测点 $PM_{2.5}$ 浓度时间变化的趋势,并对 $PM_{2.5}$ 浓度变化的原因进行分析,在此基础上分析不同实测点的 $PM_{2.5}$ 浓度分布差异,分别对比3个实测点 $PM_{2.5}$ 浓度峰值与谷值浓度差异并分析不同 $PM_{2.5}$ 浓度空间分布差异。10月24日8—17时3个实测点 $PM_{2.5}$ 浓度均值大小顺序分别为1号点>2号点>3号点, $PM_{2.5}$ 浓度最大差值为3.84%。

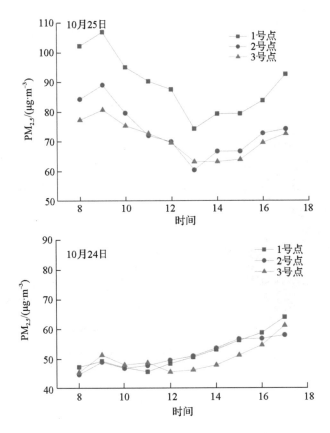

图3-10　淮河路步行街监测点1、2、3大气颗粒物浓度对比图

(资料来源:孙圳.基于街道PM₂.₅分布的街谷空间形态设计策略研究:以合肥市淮河路步行街区为例[D].
合肥:安徽建筑大学,2021.)

$PM_{2.5}$浓度最低值为9时的2号点,浓度值为44.8 $\mu g/m^3$,$PM_{2.5}$浓度最高值为17时的1号点,浓度值为66.4 $\mu g/m^3$,最大差值达到32.5%。

10月25日8-17时3个实测点$PM_{2.5}$浓度均值大小顺序分别为1号点>2号点>3号点,$PM_{2.5}$浓度最大差值为20.5%。$PM_{2.5}$浓度最高值为9时的1号点,浓度值为106.9 $\mu g/m^3$,$PM_{2.5}$浓度最低值为13时的2号点,浓度值为60.4 $\mu g/m^3$,最大差值达到43.5%。12时以后,淮河路街区人流和车流开始激增,3个实测点的$PM_{2.5}$浓度不断上升,其中2号点在15时后$PM_{2.5}$浓度增加较为缓慢,1号点上升速度最快,说明2号点交叉口位置通风效果较好,能够加速该区域污染扩散,1号点街谷高宽比大,周边环境较为封闭,不利于街谷内部$PM_{2.5}$扩散。

3.4.3　交通区

（1）研究区域与方法

实验点分布在南二环路与金寨路交叉口到南二环路与宿松路交叉口1000 m范围内（图3-11）。三个实验点和一个对照点处于同一段道路上,周边环境（除植物）较为相似,建筑为中低层建筑,建筑对风的影响较小,属于较为开放的道路环境。其中,1号点周边为二层的商业居住空间,2号点周边为四层的居住空间,3号点周边为开放空间,4号点周边为二层的商业居住空间,建筑高度较为低矮,同时绿地到建筑距离较远（30~40 m）,绿地

应对气候变化：城市空间形态优化方法研究 Yingdui Qihou Bianhua Chengshi Kongjian Xingtai Youhua Fangfa Yanjiu

对周边环境影响小。因为4个点处于同一段道路,交通流量差异很小,可重点考虑道路植物群落差异对PM2.5浓度的影响。实验点植物群落分别为乔木(1号点)、乔木+树篱(2号点)、乔木+树篱+灌木(3号点),对照点(4号点)没有植物,四个点的位置和道路断面形式见图3-12,四个点的植物群落配置见表3~2。

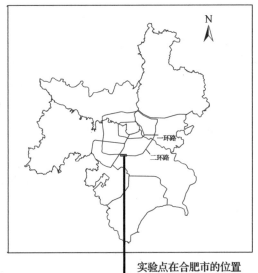

实验点在合肥市的位置

实验点分布

图3-11　交通区研究区域

(资料来源:顾康康,钱兆,方云皓,等.基于ENVI-met的城市道路绿地植物配置对PM2.5的影响研究[J].生态学报,2020,40(13):4340-4350.)

表3-2　实验点植物分布

实验点	植物配置	道路周边绿地植物组成	绿地植物尺度 X:长度;Y:宽度;Z:高度
1号实验点	乔木	梧桐	X:30 m;Y:1 m;Z:6 m
2号实验点	乔木+树篱	梧桐,红叶石楠	树篱:X:70 m;Y:1 m;Z:1.5 m 乔木:X:70 m;Y:1 m;Z:6 m
3号实验点	乔木+树篱+灌木	杨树,红叶石楠,冬青	X:140 m;Y:3 m;Z:15 m
4号对照点	无	无	无

(资料来源:顾康康,钱兆,方云皓,等.基于ENVI-met的城市道路绿地植物配置对PM2.5的影响研究[J].生态学报,2020,40(13):4340-4350.)

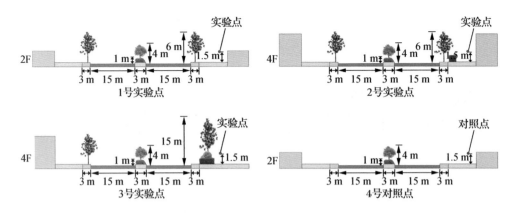

图3-12 实验点道路断面

（资料来源：顾康康，钱兆，方云皓，等.基于ENVI-met的城市道路绿地植物配置对PM₂.₅的影响研究[J].
生态学报，2020，40（13）：4340-4350.）

监测时间为2019年4月12日—4月14日，天气晴朗。使用ETEST-100大气颗粒物检测仪监测$PM_{2.5}$、温度、湿度数据，监测前统一调试仪器，确保记录的数据为同一时间，数据频率为每5 min一次。每天具体监测时间是8：00—18：00，每天收集9~10 h的数据，共产生28 h的数据。

（2）空间分布特征

①监测点风环境

实验点的风向以北风和东北风为主，4月12日和13日风速较弱，以0~4 m/s为主，4月14日风速较强，可达8 m/s，三天的风向基本以垂直和倾斜于道路为主，三日的风环境中4月12日主风向为倾斜于道路，各监测点之间有一定的上下风关系，但该日处于微风环境（风速0~4 m/s）上下风向对颗粒物的影响较低，4月13、14日主风向为垂直于道路，各监测点之间无明显的上下风关系，图3-13显示了风速和风向的日变化。

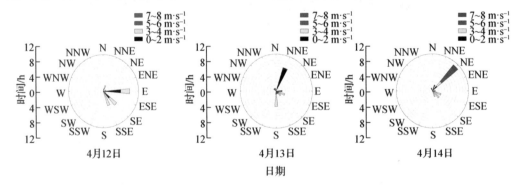

图3-13 风玫瑰图

（资料来源：顾康康，钱兆，方云皓，等.基于ENVI-met的城市道路绿地植物配置对PM₂.₅的影响研究[J].生态学报，2020，40（13）：4340-4350.）

②不同道路监测点$PM_{2.5}$浓度分布特征

如图3-14所示，实验点三日的$PM_{2.5}$浓度基本随时间的推移呈现下凹式分布，最高值出现在早晨，最低值出现在中午及下午。其中：4月12日最高值出现在8：00的4号点（141 μg/m³），最低值出现在12:17的1号点（61 μg/m³），相差131%；4月13日最高值出现在8:40的4号点（228 μg/m³），最低值出现在16:40的3号点（29 μg/m³），相差686%；4月14日最高值出现在8:35的3号点（117 μg/m³），最低值出现在14:10的2号点（33 μg/m³），相差254%。

如图3-15所示，4月12日和4月13日4号点的PM$_{2.5}$浓度总体高于其他3个实验点，3号点的PM$_{2.5}$浓度最低。4月14日4个实验点PM$_{2.5}$浓度差异性较低，3号点浓度高于其他点。

根据消解率的公式，计算得出总体消解率3号点>2号点>1号点（14.2%>12.9%>9.2%）。

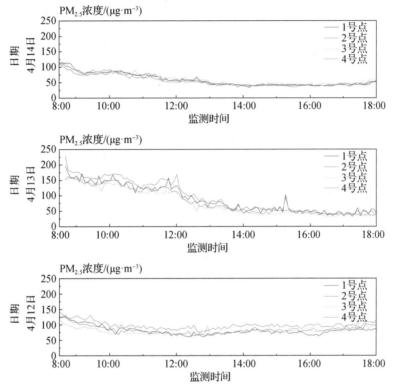

图3-14　实验点PM$_{2.5}$浓度日变化图

（资料来源：顾康康，钱兆，方云皓，等.基于ENVI-met的城市道路绿地植物配置对PM$_{2.5}$的影响研究[J].生态学报，2020，40（13）：4340-4350.）

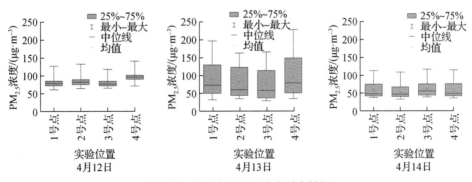

图3-15　实验点PM2.5浓度时空特征

（资料来源：顾康康，钱兆，方云皓，等.基于ENVI-met的城市道路绿地植物配置对PM$_{2.5}$的影响研究[J].生态学报，2020，40（13）：4340-4350.）

③不同道路绿地植物群落对PM₂.₅浓度的影响

通过回归分析得出绿地长度、宽度、高度和消减作用有着相关性,得出函数$p=-0.237x+13.167y+0.522z$,x是绿地长度,y是绿地宽度,z是绿地高度,p是消解率。

绿地植物种类的影响:实验结果表明,随着绿地植物物种丰富度的增加,消解率逐步加强,相较于植物从无到有产生的消减作用增加9.2%而言,进一步增加树篱和灌木带来的消减作用逐步减弱(分别增加了3.7%和1.3%)。随着植物种类的增加,各种影响因素之间共同作用,加强了对PM₂.₅的消减作用。

绿地长度的影响:回归分析表明,绿地长度的增加会导致消解率的降低。绿地长度的增加会导致受到绿地影响的PM₂.₅的总量的增加,同时也造成PM₂.₅浓度稳定和均质化,导致PM₂.₅向绿地两侧扩散的量与总量相比减少。

绿地宽度的影响:实验结果表明,绿地宽度的增加将加强消解率。绿地宽度的增加将增加颗粒物在绿地的通过时间,加长绿地中的植物叶面对颗粒物的吸收和迟滞作用的时间和距离,加强了绿地对PM₂.₅的消减作用。同时绿地宽度对消解率的影响也受到植物叶面积指数的影响。

绿地高度的影响:实验的结果表明,随着植物高度的增加,消减作用有加强的趋势。有关研究表明,高度在4~5 m或更高的树木可以起到对颗粒物的消减的目的,实验在验证该结论的同时也表明树木高度的增加可能会加强消减作用。

植物叶面积指数(LAI)的影响:实验点的LAI呈现从1号点到3号点递增的趋势。组成绿地的植物的叶面积密度决定了颗粒物通过绿地的运动阻力的大小,实验表明,绿地的消减作用与叶面积指数呈正比,较高的叶面积指数增加了颗粒物在绿地内部运动的阻力,同时也降低了风速,使得颗粒物得以沉降。

3.4.4 城市绿地公园

(1)研究区域与现状评价

采用Landsat 8 OLI_TIRS卫星遥感影像,参照《土地利用现状分类》(GB/T 21010—2017),将研究区土地利用分为耕地、林地、草地、水系、湿地、建设用地和裸地七大类,并通过人工的目视解译进行数据的修改与校准,结果如图3-16所示。

根据上述地表反演结果,选取研究所需的绿地公园空间斑块,将提取的合肥市绿地公园空间斑块分为林地、草地、农田、水系和湿地五种类型。本书利用景观格局指数的方法对蓝绿空间进行定量的评价研究。景观格局指数是一种高度集中地区景观格局特点的探究办法,它能反映景观格局及内部空间结构的信息。

合肥市主城区绿地公园空间斑块构成情况,如表3-3所示。合肥市主城区现状绿地公园空间用地总面积为512.6 km²,其中林地105.0 km²,占绿地公园空间总用地的20.5%;草地32.7 km²,占绿地公园空间总用地的6.4%;农田229.8 km²,占绿地公园空间总用地的44.8%;水系99.3 km²,占绿地公园空间总用地的19.4%;湿地45.8 km²,占绿地公园空间总用地的8.9%。

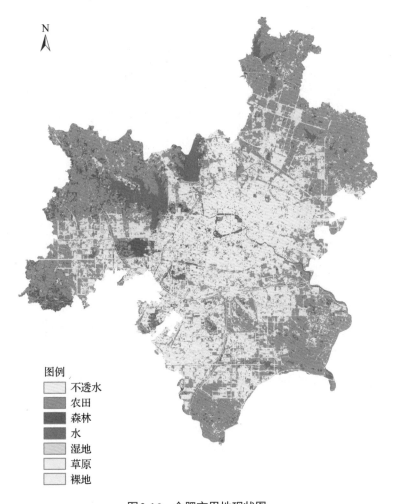

图例
不透水
农田
森林
水
湿地
草原
裸地

图 3-16　合肥市用地现状图

（资料来源：钱兆.合肥市主城区蓝绿空间冷岛效应及空间优化研究［D］.合肥：安徽建筑大学,2021.）

表 3-3　斑块构成表

类型	NP/个	占比/%	TA/km²	占比/%
林地	1073	20.9	105.0	20.5
草地	538	10.5	32.7	6.4
农田	1216	23.7	229.8	44.8
水系	2095	40.9	99.3	19.4
湿地	200	3.9	45.8	8.9

其中：NP 是斑块数,TA 是景观面积。

（资料来源：钱兆.合肥市主城区蓝绿空间冷岛效应及空间优化研究［D］.合肥：安徽建筑大学,2021.）

绿地公园空间的整体特征可以用蓝绿空间的斑块大小来表示,研究区蓝绿空间的斑块可分成 4 种类型:1 ha 以下的小型斑块,1~10 ha 的中型斑块,10~50 ha 的大型斑块和 50 ha 以上的巨型斑块。其中巨型、大型斑块在整个生态系统中占有重要的地位,有着众多的生态功能,而小型、中型的斑块有着补充作用,在各大型斑块间起着连接作用,为城市提供景观价值。

如表3-4所示,在合肥市主城区,小型斑块占总蓝绿色斑块面积的6.1%,数量最多,占80.2%。中型斑块占总蓝绿色斑块总面积的11.4%,数量占17.2%。大型斑块占总蓝绿色斑块总面积的9.8%,数量占2.0%。巨型斑块占总蓝绿色斑块面积的72.7%,数量占0.6%。

表3-4 绿地公园空间斑块规模表

斑块类型	NP/个	占比/%	面积/ha	占比/%
小型斑块	10318	80.2	32.8	6.1
中型斑块	2219	17.2	61.3	11.4
大型斑块	256	2.0	52.5	9.8
巨型斑块	75	0.6	391.3	72.7

其中:NP是斑块数。

(资料来源:钱兆.合肥市主城区蓝绿空间冷岛效应及空间优化研究[D].合肥:安徽建筑大学,2021.)

斑块规模的空间分布如图3-17所示,不同规模斑块的空间分布有很大差异。其中,小型斑块数量最多,但分布较散,总面积较小。它们主要分布在城市的各个地方,主要存在形式是池塘水面。大型斑块和巨型斑块虽然数量较少,但占据了大部分区域,且主要分布在研究区的西北部和东南部,以水库和公园等大型自然生态资源为主。

从上述绿地公园空间斑块的空间分布格局可知,合肥市主城区的绿地公园空间格局为巨型和大型斑块为主、中型和小型斑块为辅,同时不同斑块的数量及面积上的空间分布有着明显的区别和呈现出严重的失衡状态。

研究区中各类型蓝绿空间分布各不相同,本研究以景观格局指数的方法分别分析林地、草地、农田、水系和湿地的斑块空间分布,各类型绿地公园空间斑块空间格局如表3-5所示。

表3-5 各类型绿地公园空间斑块空间格局

类型	NP/个	PLAND/%	LSI	MPS/km²
林地	1073	20.9	95.7446	0.12
草地	538	10.5	53.5383	1.44
农田	1216	23.7	75.7254	0.54
水系	2095	40.9	86.491	0.33
湿地	200	3.9	65.0628	3.15

其中:NP为斑块数,PLAND为斑块类型比例,LSI为斑块形态指数,MPS为平均斑块面积。

(资料来源:钱兆.合肥市主城区蓝绿空间冷岛效应及空间优化研究[D].合肥:安徽建筑大学,2021.)

从表3-5的各类型绿地公园空间斑块空间格局中,我们可以得知在合肥市主城区的蓝绿空间中,水系面积最大,占总面积的40.9%。其次是农田,占斑块总面积的23.7%,林地、草地和湿地分别占20.9%、10.5%和3.9%。而在斑块破碎化程度方面,林地斑块破碎

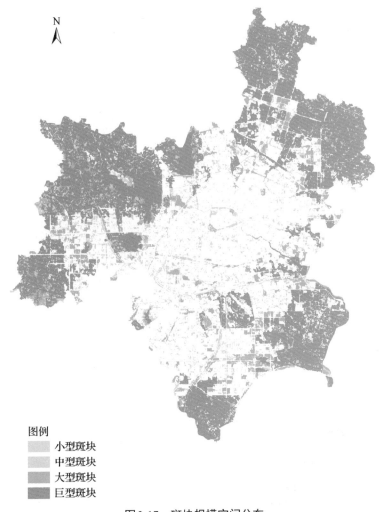

图例

　　小型斑块
　　中型斑块
　　大型斑块
　　巨型斑块

图3-17　斑块规模空间分布

（资料来源：钱兆.合肥市主城区蓝绿空间冷岛效应及空间优化研究[D].合肥：安徽建筑大学，2021.）

化程度最高,平均斑块面积仅为0.12 km²/n,湿地斑块破碎化程度最低,平均斑块面积为3.15 km²/n,研究区不同斑块类型的破碎化程度排列为林地＞水系＞农田＞草地＞湿地。上述可知,研究区的破碎化程度高,抗干扰程度低,易受人类活动干扰。

（2）空间分布特征

①整体呈内弱外强的波浪状格局

为研究合肥市主城区从内到外的冷岛格局的变化足迹,本研究利用ArcGIS软件的几何中心功能获取合肥市主城区的几何中心,然后以几何中心为圆心,以500 m为半径做多重缓冲区。得到圈层图后,与研究范围相交获取研究范围内的圈层范围。圈层图通过校核后利用空间连接工具,计算每一圈层内部的平均温度,以该温度为基础,利用上文所述冷岛强度公式计算圈层的平均冷岛强度。由于冷岛足迹的圈层划分方式消除了一些地区的极端情况,使得上文划分为7级的标准不再适用于足迹变化的显示,如若按原标准划分冷岛足迹,图像显示将呈现均一化,无法清晰地显示冷岛足迹的变化,为更好地呈现主城区的冷岛足迹的变化,采用(-∞,-1.5),[-1.5,-0.5),[-0.5,0.5),[0.5,1.5),[1.5,2.5),[2.5,∞)的标准来换分,将结果可视化后得到合肥市主城区冷岛强度足迹图。本研究中主城区被分为50个圈层。

图3-18　冷岛强度足迹图

(资料来源:钱兆.合肥市主城区蓝绿空间冷岛效应及空间优化研究[D].合肥:安徽建筑大学,2021.)

　　如图3-18所示,研究范围内的冷岛强度整体上是随着与几何中心的距离的增加而增强,有着起伏波动的整体波浪状格局,冷岛强度在整体格局上为内弱外强的趋势,局部的冷岛强度多有起伏。其中圈层的中心圈层即几何中心所在的圈层区的冷岛强度明显强于周边地区(为1.027),然后冷岛强度在接下来的2000 m内骤降至-1.94,然后略有回升,之后在经历一个短暂的快速回升后继续在2000 m范围内降低,然后经历1500 m的快速上升后在7500 m处达到第一个峰值(2.36),稳定后再次跌入一个新的低谷,之后随着距离的增加而加强。冷岛强度随圈层的变化如图3-19所示。

　　合肥市冷岛足迹内用地变化如图3-20所示,第一圈层由于处于合肥市老城的环城公园和西山景区附近,林地与水域明显多于周边地区,之后的建设用地面积基本上随着圈层的扩大而逐步减少,与之相对的是农田面积占比的逐步增加。水域占比在第一圈层处

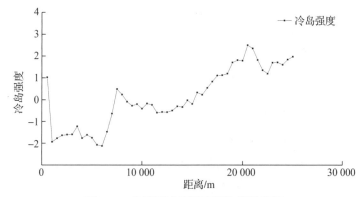

图3-19　各圈层冷岛强度平均值散点图

(资料来源:钱兆.合肥市主城区蓝绿空间冷岛效应及空间优化研究[D].合肥:安徽建筑大学,2021.)

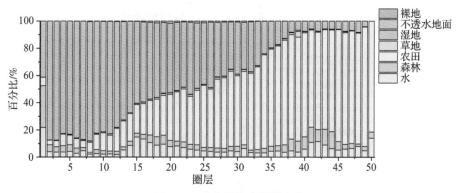

图3-20　冷岛足迹内用地变化

(资料来源:钱兆.合肥市主城区蓝绿空间冷岛效应及空间优化研究[D].合肥:安徽建筑大学,2021.)

于最高值,这是由于环城公园中的环城河占据着大量的面积所致,之后在第15个圈层处到达第二个高峰,这是由于距离主城区几何中心8 km左右的位置处有着董铺水库、大房郢水库两个大型水库。之后的水域占比在不断波动但整体维持在同一水平下。

由上面的两图可以很明显地看出城市冷岛足迹的变化与城市的用地有着十分明显的关系,这些关系是下文中所要探索的重要内容之一,此处暂且不进行进一步的说明与分析,仅作为城市的冷岛足迹的补充说明。

②郊区冷岛联系密切,中心区冷岛割裂

为在冷岛足迹分析的基础上进一步分析合肥市主城区热环境,利用ArcGIS软件的渔网功能,以500 m×500 m为栅格划分格网,然后利用空间连接功能计算栅格内部平均温度,以该温度为基础,利用上文所述冷岛强度公式计算栅格的平均冷岛强度,同时将冷岛强度按照上文标准划分为7级,将结果可视化后得到如图3-21所示的合肥市主城区冷岛强度栅格图。

如图3-22所示,主城区的强冷岛区基本上分布在主城区的外围,在外围区域中,各强冷岛区基本上由较弱的冷岛区联系在一起,但在部分区域被强热岛区分割,基本形成东西两部分的外围冷岛集合。强热岛区基本分布在主城区的建成区,其中以工业园区热岛强

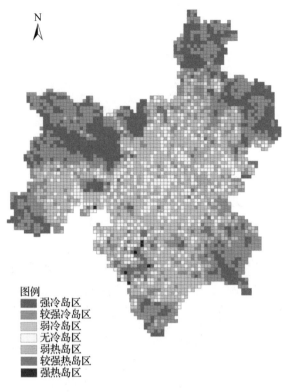

图3-21　冷岛强度栅格图像

（资料来源：钱兆.合肥市主城区蓝绿空间冷岛效应及空间优化研究[D].合肥：安徽建筑大学,2021.）

图例
- 强冷岛区
- 较强冷岛区
- 弱冷岛区
- 无冷岛区
- 弱热岛区
- 较强热岛区
- 强热岛区

图3-22　强冷岛、强热岛区域空间分布

（资料来源：钱兆.合肥市主城区蓝绿空间冷岛效应及空间优化研究[D].合肥：安徽建筑大学,2021.）

图例
- 强热岛区域
- 强冷岛区域

度最高、范围最广,其中强热岛区分布在主城的环城公园的东部和南部地区,这些地区形成多个强热岛的集合地区,集合地区之间被一些冷岛地区分割,使相互之间并未连接成一体。相较于东部和南部地区,老城区的热岛强度明显要弱一些。

在中心城区,冷岛区域被热岛区域所分割,分散在中心城区的各处,缺乏联系,但正是由于其广泛的布局,也使得中心城区的热岛不能连接在一起。

（3）空间自相关分析

①Moran 指数分析

为更直观地反映用地与用地周边的热环境的联系与差异,利用空间自相关分析研究热环境的空间差异,其中 Moran 指数和 Geary 系数为空间自相关分析中最常用的两种方法（郭晓黎,2014;邓晓雯,2016）。本研究采用 Moran 指数的方法研究合肥市主城区热环境的空间差异。研究利用 ArcGIS 的空间自相关（Moran I）工具分析主城区热环境的空间差异,结果如图 3-23 所示。

图3-23 合肥市热环境空间自相关分析

（资料来源:钱兆.合肥市主城区蓝绿空间冷岛效应及空间优化研究[D].合肥:安徽建筑大学,2021.）

如图 3-23 所示,合肥市的空间自相关性被分为高温集聚区（High-High,HH）,低温集聚区（Low-Low,LL）,周边以低温为主的高温区（High-Low,HL）,周边以高温为主的低温区(Low-High,LH)和不显著五类,其中HH,LL区域在空间分布上与强热岛区域和强冷岛区域有着密切的联系,这说明强热岛区域、强冷岛区域和高温集聚的空间分布是相关的,HL,LH两类地区说明该区域的热环境与周边有着较大的反差,顾称其为高反差地区。

其中,HH区域主要集中在建成密集区,以商住密集区和工业密集区为主,其空间网格主要分为三种空间结构:a. 工业集中区,如经开区工业园区、包河区工业园区;b. 商住集中区,如老城区东部商住区;c. 交通枢纽区,如合肥市东站新站区。LL区域主要为蓝绿空间的集中区,其空间网格可分为三类:a. 水体集中区,如董铺水库、大房郢水库等;b. 绿地集中区,如大蜀山森林公园、滨海森林公园等;c. 边缘区,如东北方向边缘区域和西南方向边缘区域。

②高反差地区分析

为研究高反差地区的特征,将六处高反差地区从研究区内提取出来,按其类型进行编号,如图3-24所示。

图3-24　高反差地区编号

(资料来源:钱兆.合肥市主城区蓝绿空间冷岛效应及空间优化研究[D].合肥:安徽建筑大学,2021.)

六处高反差区域中,HL-1区域由于靠近边界范围,受到边界空值的影响其误差较大,在分析过程中不予考虑,这里主要进行其余五处高反差区域的分析。五处高反差区域周边环境如表3-6所示：

表3-6　高反差地区环境

编号	区位	环境
HL-2	庐阳区	HL-2位于科学岛西北侧居民集聚区，周边为董铺水库和大量的绿地
LH-1	瑶海区	LH-1位于瑶海区天水公园，周边为世纪荣廷小区和京东方工厂
LH-2	瑶海区	LH-2位于瑶海区滨河公园附近，周边为居住区
LH-3	蜀山区	LH-3位于蜀山区方兴大道附近，周边为工业园区
LH-4	包河区	LH-4位于包河区繁华大道附近，周边为工业园区

（资料来源：钱兆.合肥市主城区蓝绿空间冷岛效应及空间优化研究[D].合肥:安徽建筑大学,2021.）

为更加清楚地反映高反差区域用地与周边区域的差异,利用ArcGIS中的缓冲区功能,以高反差地区中心为圆心,做500 m和1000 m两层缓冲区,并统计其圈层内用地百分比,高反差地区内外圈层用地比如图3-25所示。

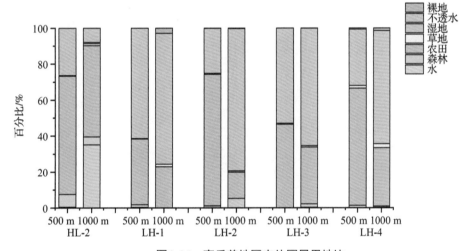

图3-25　高反差地区内外圈层用地比

（资料来源：钱兆.合肥市主城区蓝绿空间冷岛效应及空间优化研究[D].合肥:安徽建筑大学,2021.）

在图3-25中,HL-2、LH-2、LH-4地区内外圈层用地变化极其显著,LH-1、LH-3地区相较于前三者用地变化不明显,其中用地类别变化最多的是不透水地面和农田,HL-2,LH-2地区有着显著的水域面积变化,其他三处高反差地区变化基本为不透水地面和农田占比的变化。

高反差地区用地与其外围用地的差异说明:高反差地区与周边温度的差异受到影响最多的可能是农田和不透水地面的占比。而用地占比的变化是如何影响热环境的? 蓝绿空间其冷岛效应的机制是如何作用在空间上的? 又受到哪些因素的影响? 这些因素又是怎样影响蓝绿空间的冷岛效应的? 这是本研究下文所探讨的重点,研究将根据前人研究来确定影响指标的选取、计算,探求蓝绿空间冷岛效能的两个方面——降温幅度和冷岛扩散,进而分析蓝绿空间冷岛效应在空间上的影响深度和广度以及影响其效能的要素及作用机制。

3.5　本章小结

　　本章的主要内容包括对研究区概况的总结及城市气候变化影响的评估。首先概括总结了合肥市社会、经济、气候方面的基本情况,具体包括空气污染、热岛效应、背景风环境等方面的内容;其次本研究在考虑传统空间形态指标数据的基础上,融入反映城市空气污染、城市热岛等实际气候环境状况的数据,具体研究数据包括气象数据、基础地理信息数据、卫星遥感数据三类;再次从城市总体规划层面对合肥市城区展开气候变化影响评估,结果显示合肥市主城区的地表温度空间分布为"外冷内热"的结构,呈现由内到外逐渐降低的圈层分异规律;最后从居住区、商业区、交通区、城市绿地公园四个方面阐述街区气候变化影响评估。

城市空间形态与城市
气候变化的关联性分析

4.1 城区尺度下城市形态对城市气候的影响

4.1.1 城区层面空间形态指标的选取与计算

1. 指标选取

冷岛效应的降温幅度在城市的热环境的具体表现可以用冷岛强度来说明,其不仅受到蓝绿空间自身的影响,也受到蓝绿空间外的多种因素影响。这些指标众多,但并不是所有的指标都对城市的热环境有着显著的影响,因此我们需要在分析相关指标前,针对影响指标进行初步的筛选(卢有朋,2018)。

城市功能对蓝绿空间冷岛强度的影响主要表现为居民在生产生活过程的能量消耗对局部热环境的影响。地表覆盖对蓝绿空间冷岛强度的影响主要表现在地表植物的蒸腾散热作用以及硬化地表对太阳辐射的热作用,城市建筑及其阴影影响城市的通风性能与热环境,从而影响蓝绿空间冷岛强度。因此,本研究认为影响冷岛强度的指标体系分为城市功能、地表覆盖和城市建筑三大类,并以此为依据构建3大类、15小类的冷岛强度指标体系,如表4-1所示。

2. 指标筛选

（1）筛选原则

本书所定义的"冷岛强度指标"和"冷岛空间扩散指标"是指城市蓝绿空间冷岛效应在空间的深度和广度上的影响指标。为了从上述众多的备选指标中找出与城市蓝绿空间冷岛效应关联较大的指标,应遵循以下三个原则:

①各类别指标均应至少有一个指标入选

从前人的研究可知,城市功能指标和地表覆盖指标以及蓝绿空间内部指标和空间外部指标都是影响蓝绿空间冷岛效应的重要指标,而这四类指标的作用是客观存在的,需要在每类指标中至少将一项纳入评价体系。

②核心指标应随着冷岛效应的变化而规律性变化

本研究的目的是探究影响冷岛效应的指标,而核心影响指标应能够随着冷岛强度的增加而大致表现为规律性变化,若其不能表现出规律性变化,则其可能为弱相关或者不相关的指标,这些指标需要被排除。

表4-1 冷岛强度指标体系及数据来源

分类	指标名称	单位	数据来源
城市功能	人口密度	人/km²	中国科学院环境科学与数据中心(http://www.resdc.cn/)
	GDP产值	万元/km²	中国科学院环境科学与数据中心
	工业用地占比	%	据合肥市用地现状图计算
	商业用地占比	%	据合肥市用地现状图计算
	居住用地占比	%	据合肥市用地现状图计算
地表覆盖	归一化植被指标(NDVI)		利用Landsat 8数据反演计算所得
	归一化湿度指数(NDMI)		利用Landsat 8数据反演计算所得
	不透水地面占比	%	利用Landsat 8数据反演计算所得
	绿地占比	%	利用Landsat 8数据反演计算所得
	水体占比	%	利用Landsat 8数据反演计算所得
	裸地占比	%	利用Landsat 8数据反演计算所得
	DEM高程	m	地理空间数据(www.gscloud.cn)
城市建筑	建筑密度	%	现状建筑数据计算所得
	平均建筑高度	m	现状建筑数据计算所得
	地表粗糙度		现状建筑数据计算所得

(资料来源:钱兆.合肥市主城区蓝绿空间冷岛效应及空间优化研究[D].合肥:安徽建筑大学,2021.)

③避免不同指标间的重复性

为避免选取指标之间的重复,故进行重复性数据的共线性检查,排除重复性高的数据。

(2)筛选结果

在前文的文献综述及不同强度区的研究中,预设分析了影响冷岛强度的要素以及一系列相关指标,但在比较了不同典型强度分区以及不同冷岛强度区中的空间形态后发现,其中的部分指标与冷岛强度的关系更为紧密。经筛选后,冷岛强度的影响指标如表4-2所示。

表4-2 冷岛强度的影响指标

分类	指标名称	单位	数据来源
城市功能	人口密度	人/km²	中国科学院环境科学与数据中心(http://www.resdc.cn/)
	GDP产值	万元/km²	中国科学院环境科学与数据中心
	功能用地占比	%	据合肥市用地现状图计算
地表覆盖	归一化植被指标(NDVI)		利用Landsat 8数据反演计算所得
	地表各覆盖占比	%	利用Landsat 8数据反演计算所得
	DEM高程	m	地理空间数据(www.gscloud.cn)
城市建筑	地表粗糙度		现状建筑数据计算所得
	建筑密度	%	现状建筑数据计算所得
	平均建筑层数		现状建筑数据计算所得

(资料来源:钱兆.合肥市主城区蓝绿空间冷岛效应及空间优化研究[D].合肥:安徽建筑大学,2021.)

4.1.2　冷岛空间扩散指标的选取

（1）指标选取

根据前人研究可知,蓝绿空间的冷岛扩散由内部因素和外部因素共同作用(刘宇 等,2006;蔺银鼎 等,2006;孙振如,2012;冯晓刚 等,2012;杜红玉,2018)。在参考前人研究的基础上,本节以蓝绿空间内部要素和外部要素两部分构建指标体系,并以此为依据构建2大类、17小类的冷岛扩散指标体系(如表4-3所示)。

表4-3　蓝绿空间冷岛效应冷岛扩散指标体系

分类	指标名称	单位
蓝绿空间内部指标	蓝绿空间面积	m²
	林地占比	%
	草地占比	%
	水体占比	%
	不透水面面积占比	%
	景观形状指数(LSI)	
	总面积	ha
	绿地面积	ha
	水体面积	ha
蓝绿空间外部指标	人口密度	人/km²
	GDP产值	万元/km²
	外部水体占比	%
	外部不透水地面占比	%
	外部裸地占比	%
	外部建筑平均高度	m
	外部建筑平均密度	%
	外部地表粗糙度	

(资料来源:钱兆.合肥市主城区蓝绿空间冷岛效应及空间优化研究[D].合肥:安徽建筑大学,2021.)

（2）指标筛选

通过4.1.1中的筛选原则筛选后,冷岛空间扩散的影响指标如表4-4所示。

表4-4　冷岛空间扩散的影响指标

分类	指标名称	单位
蓝绿空间内部指标	绿地占比	%
	水体占比	%
	景观形状指数(LSI)	
	总面积	ha
	绿地面积	ha
	水体面积	ha

分类	指标名称	单位
蓝绿空间外部指标	外部水体面积	ha
	外部不透水地面积	ha
	建筑密度	%
	平均建筑层数	
	外部地表粗糙度	

（资料来源：钱兆.合肥市主城区蓝绿空间冷岛效应及空间优化研究[D].合肥：安徽建筑大学,2021.）

4.1.3 城市宏观形态对城市冷岛效应的影响

在过往的研究中,人们已经发现了城市的宏观形态对于城市热环境有着至关重要的影响,特别是通过对 RS 和 GIS 技术的广泛应用,人们对城市宏观形态对城市热环境影响的认知不断深入,笔者在整理前人研究的基础上提取出城市功能、城市建筑、城市地表覆盖三类影响因素,并以合肥市主城区为研究对象,利用数理分析的方法分析城市冷岛强度与这三方面的量化关系,以期为城市在建设蓝绿空间时提供相关建议,从而达到缓解热岛效应、改善人居环境的目的。

1. 研究方法

为探究城市冷岛强度与城市功能、城市建筑、城市地表覆盖之间的量化关系,本节利用 ArcGIS 软件的渔网功能,以 500 m×500 m 为边界划分格网,以每个格网作为一个样本。同时将地表温度和城市功能、城市建筑、城市地表覆盖各指标的空间分布要素相叠加,进而探究其中蓝绿空间冷岛强度与城市功能、城市建筑、城市地表覆盖各指标之间的关系。并利用 SPSS 22 进行定量模型的计算与构建。

2. 冷岛强度影响指标分析

为探究城市冷岛强度与城市功能、城市建筑、城市地表覆盖三大类指标之间的差异影响,研究分别针对城市功能、城市建筑、城市地表覆盖三大类指标与冷岛强度的相关性进行分析。

（1）冷岛强度与城市功能

本研究将城市功能指标的空间分布数据利用 ArcGIS 的"空间连接"工具叠加到取样格网中,同时统计分析其数据。由于研究区边界的限制与数据范围的限制,导致一些取样点的数值为空值,在排除这些空值的取样格网后,城市功能指标的空间分布如图4-1所示。

研究区的城市功能指标,如研究区的人口、GDP 呈现出强烈的中心集聚效应,同时两者之间有着较强的空间上的相关性,在蔓延方向上两者处于同一方向——由西北至东南方向蔓延扩散,但人口分布上其高密度人口区域在西南部有着较高的分布规模,而 GDP 在该区域的集聚强度明显低于人口的集聚程度,同时由于西北部水库的存在,导致人口密度在该区域的分布明显减少,而该区域 GDP 仍有着较高水平,导致两者有着较明显的分布差异；功能用地上,R 类用地占比与城市人口的分布有着基本相同的分布趋势,研究区

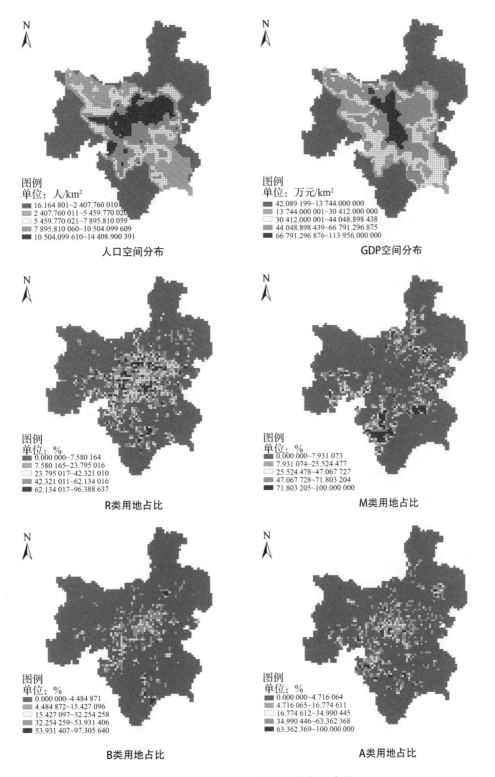

图例
单位：人/km²
■ 16.164 801~2 407.760 010
■ 2 407.760 011~5 459.770 020
□ 5 459.770 021~7 895.810 059
▨ 7 895.810 060~10 504.099 609
■ 10 504.099 610~14 408.900 391

人口空间分布

图例
单位：万元/km²
■ 42.089 199~13 744.000 000
▨ 13 744.000 001~30 412.000 000
□ 30 412.000 001~44 048.898 438
▨ 44 048.898 439~66 791.296 875
■ 66 791.296 876~113 956.000 000

GDP空间分布

图例
单位：%
■ 0.000 000~7.580 164
▨ 7.580 165~23.795 016
□ 23.795 017~42.321 010
▨ 42.321 011~62.134 016
■ 62.134 017~96.388 637

R类用地占比

图例
单位：%
■ 0.000 000~7.931 073
▨ 7.931 074~25.524 477
□ 25.524 478~47.067 727
▨ 47.067 728~71.803 204
■ 71.803 205~100.000 000

M类用地占比

图例
单位：%
■ 0.000 000~4.484 871
▨ 4.484 872~15.427 096
□ 15.427 097~32.254 258
▨ 32.254 259~53.931 406
■ 53.931 407~97.305 040

B类用地占比

图例
单位：%
■ 0.000 000~4.716 064
▨ 4.716 065~16.774 611
□ 16.774 612~34.990 445
▨ 34.990 446~63.362 368
■ 63.362 369~100.000 000

A类用地占比

图4-1 研究区城市功能指标的空间分布图

（资料来源：钱兆.合肥市主城区蓝绿空间冷岛效应及空间优化研究[D].合肥：安徽建筑大学，2021.）

的东南方向(即滨湖新区)R类用地占比和城市人口分布有着明显差异,这是由于研究区的滨湖新区处于新建成阶段,入住人口较少,同时也有城市人口数据的统计具有滞后性、未与城市的建成区数据同步更新的原因;研究区M类用地呈现四周分散的分布格局,同时在研究区的西南部(即经济技术开发区)呈现大规模集聚的格局;研究区内B类用地高占比的区域分为两部分,一是西南–东北部分的分散布局,二是西南部较为集中的布局;研究区A类用地呈现整体分散、局部集中的分布格局,在整体上A类用地分散在城市的各个方向,但在不同的区域又有着局部集中分布的格局。

为研究冷岛强度与城市功能指标的关系,将取样点内的城市功能各指标数据和冷岛强度利用SPSS 22进行线性拟合,结果如图4-2所示:

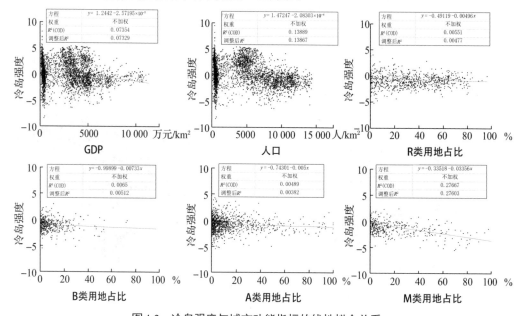

图4-2　冷岛强度与城市功能指标的线性拟合关系

(资料来源:钱兆.合肥市主城区蓝绿空间冷岛效应及空间优化研究[D].合肥:安徽建筑大学,2021.)

根据图4-2的线性拟合结果可知,冷岛效应强度与城市功能中的人口、M类用地占比之间存在较好的一元线性拟合关系,同时城市功能中人口、M类用地占比指标与冷岛强度的拟合结果均通过0.05显著性水平检测,这就说明这二类指标可以较好地解释冷岛强度的变化。

城市功能指标中拟合结果最好为M类用地占比($y=-0.33518-0.0356x$, $R^2=0.276$),这说明M类用地占比的增长对冷岛强度起到负作用,同时M类用地占比在城市功能指标中对冷岛强度的影响最大,其面积所占比例越大,冷岛强度越低。同时冷岛强度与人口($y=1.47247-2.08303\times10^{-4}x$)、GDP($y=1.2442-2.57195\times10^{-5}x$)、R类用地占比($y=-0.49119-0.00496x$)、B类用地占比($y=-0.99899-0.00733x$)、A类用地占比($y=-0.74301-0.005x$)指标均呈负相关,即人口、GDP、R类用地占比、B类用地占比、A类用地占比的数值越高,冷岛强度越低。

应对气候变化：城市空间形态优化方法研究
Yingduì Qìhòu Biànhuà Chéngshì Kōngjiān Xíngtài Yōuhuà Fāngfǎ Yánjiū

本小节的研究表明,城市功能各指标的发展会导致冷岛强度的降低,究其原因是城市功能的发展会导致城市居民的生产生活活动的增加,而这些活动会导致城市能源的消耗,从而产生大量的热量,降低冷岛强度。其中M类用地中大量的工业活动的发生导致其消耗能源的量远高于其他地区,其指标的增加所产生的热量也远高于其他指标增加所带的热量。

(2)冷岛强度与城市建筑

本研究将城市建筑指标的空间分布数据利用ArcGIS的"空间连接"工具叠加到取样格网中,同时统计分析其数据。由于研究区边界的限制与数据范围的限制,导致一些取样点的数值为空值,在排除这些空值的取样格网后,城市建筑指标的空间分布如图4-3所示。

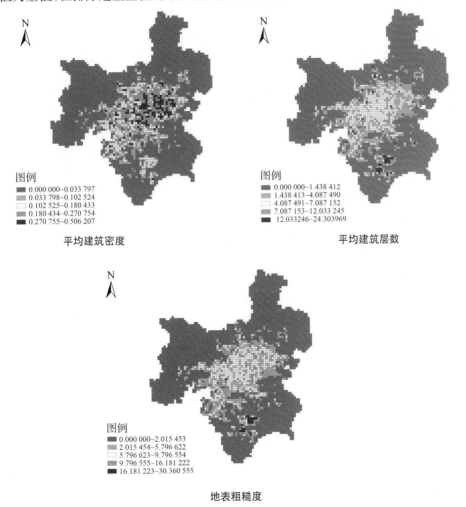

图4-3 研究区城市建筑指标空间分布

(资料来源:钱兆.合肥市主城区蓝绿空间冷岛效应及空间优化研究[D].合肥:安徽建筑大学,2021.)

城市建筑指标在空间分布上,同一个范围内城市建筑密度的空间分布呈现中心高四周低的整体格局,研究区城市中心(即老城区)建筑密度明显高于外围的建筑密度;在城市平均建筑高度的分布上,研究区城市中心平均建筑层数低于四周的建筑层数,研究区的高层建筑主要集聚在研究区的东南部(即滨海新区);对于城市地表粗糙度的空间分布,研究区城市中心地区地表粗糙度低于四周的地表粗糙度,研究区的高地表粗糙度地区主要集聚在研究区的东南部(即滨海新区)。

研究区的建筑分布整体上呈现中心密度高但建筑高度低,四周建筑密度低但平均建筑高度有所提升,滨湖新区的建筑密度集聚有所上升同时建筑高度相较于其他地区有着明显的提升。

由于城市边缘区域没有建筑的分布,导致该区域城市建筑指标的值为零,故在研究冷岛强度与城市建筑指标的关系的过程中,为探究城市建筑指标的影响,将城市建筑指标值为零的取样点排除。在排除零值后,将剩余取样点内的城市建筑各指标数据和冷岛强度利用 SPSS 22 进行线性拟合,结果如图4-4所示。

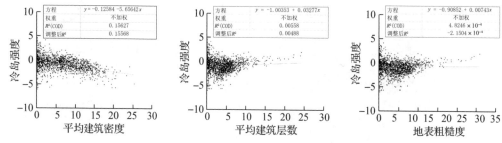

图4-4　冷岛强度与城市建筑指标的线性拟合关系

(资料来源:钱兆.合肥市主城区蓝绿空间冷岛效应及空间优化研究[D].合肥:安徽建筑大学,2021.)

通过线性拟合结果可知,冷岛效应强度与城市建筑中的平均建筑密度之间存在较好的一元线性拟合关系,同时平均建筑密度指标与冷岛强度的拟合结果通过0.05显著性水平检测,这就说明这类指标可以较好地解释冷岛强度的变化。

城市建筑指标中拟合结果最好为平均建筑密度($y=-0.12584-5.65642x$,$R^2=0.15627$),这说明平均建筑密度的增长对冷岛强度起到负作用,同时平均建筑密度在城市建筑指标中,对冷岛强度的影响最大,其数值越大,冷岛强度越低;冷岛强度与平均建筑层数($y=-1.00353+0.03277x$)、地表粗糙度($y=-0.90852+0.00743x$)指标均呈正相关,即平均建筑层数、地表粗糙度的数值越高,冷岛强度越高。

在城市建筑各指标中,平均建筑密度的增加会导致冷岛强度的降低,而平均建筑层数、地表粗糙度的增加会导致冷岛强度的增加,究其原因是建筑密度的增加会导致地表热量接收的增加和散热难度的增加,从而导致热量增加。而建筑层数的增加通常随之而来的是建筑密度的降低,使得热环境得以改善,地表粗糙度同时受到建筑密度和建筑层数的影响。

(3)冷岛强度与地表覆盖

本研究将地表覆盖的空间分布数据利用 ArcGIS 的"空间连接"工具叠加到取样格网中,同时统计分析其数据。由于研究区边界的限制与数据范围的限制,导致一些取样点的数值为空值,在排除这些空值的取样格网后,地表覆盖指标的空间分布如图4-5所示。

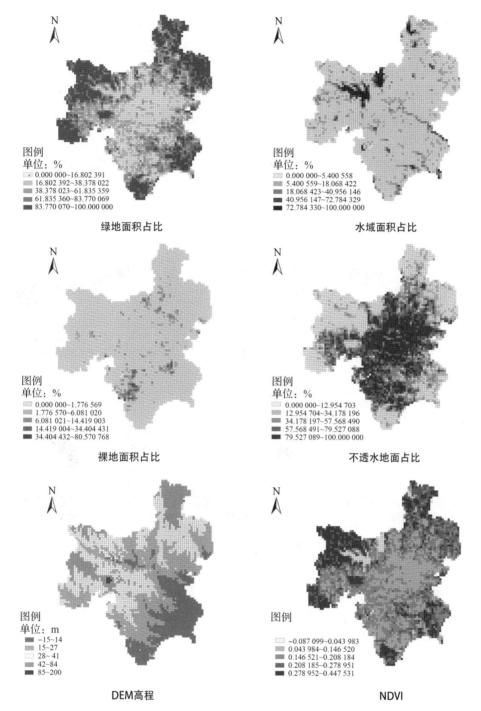

图4-5 研究区地表覆盖指标空间分布

（资料来源：钱兆.合肥市主城区蓝绿空间冷岛效应及空间优化研究[D].合肥：安徽建筑大学，2021.）

　　研究区中绿地分布呈现出中间低、外围高的整体格局,在研究区中部地区,绿地呈现局部集中分布的趋势,中心绿地的相互连接性较差,外围绿地连接性较好;研究区水域的分布较为零散,除西北部的两处大型水库地区形成局部的集中分布外,其余地区均呈点状或线状分布;研究区裸地在整体格局上呈现局部集中分布的格局,主要集中在研究区的南

4 城市空间形态与城市气候变化的关联性分析

部地区(经济技术开发区);研究区不透水地面分布在研究区的中部、西南部等地区,分布地区中的大部分区域不透水地面占比较高,说明城市的建成区的不透水地面比例较高;研究区高程主要呈现地势由西北向东南倾斜、岗冲起伏的整体格局;NDVI分布大体上与城市绿地的分布趋同,局部有着细微的差别。研究区建成区整体呈现中心集中到外围发散的格局,同时研究区的建成区中不透水地面占比较高,绿地分布较少且较为集中,城市蓝绿空间联系度不高。

为研究冷岛强度与地表覆盖指标的关系,将取样点内的地表覆盖各指标数据和冷岛强度利用SPSS 22进行线性拟合,结果如图4-6所示。

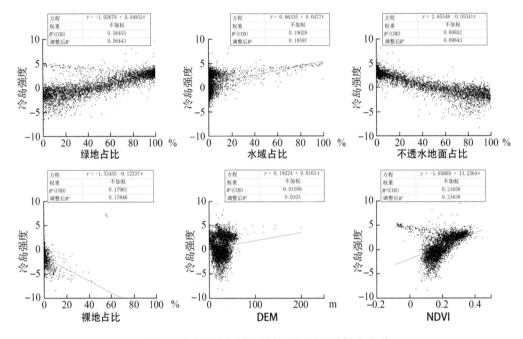

图4-6　冷岛强度与地表覆盖指标的线性拟合关系

(资料来源:钱兆.合肥市主城区蓝绿空间冷岛效应及空间优化研究[D].合肥:安徽建筑大学,2021.)

地表覆盖中的绿地占比、水域占比、不透水地面占比、NDVI与冷岛强度之间存在较好的一元线性拟合关系,同时绿地占比、水域占比、裸地占比、不透水地面占比、NDVI与冷岛强度的拟合结果均通过0.05显著性水平检测,这就说明这五类指标可以较好地解释冷岛强度的变化。

地表覆盖指标中拟合结果最好的为不透水地面占比($y=2.85548-0.05341x$,$R^2=0.69852$),这说明不透水地面占比的增长对冷岛强度的变化起到负作用,同时不透水地面占比在地表覆盖指标中,对冷岛强度的影响最大,其数值越大,冷岛强度越低;冷岛强度与绿地占比($y=-1.92679+0.04952x$)、水域占比($y=0.66335+0.0477x$)、DEM($y=0.19224+0.0165x$)、NDVI($y=-1.93003+13.2364x$)指标呈正相关,与裸地占比($y=-1.53455-0.12237x$)呈负相关,即绿地占比、水域占比、DEM、NDVI的数值越高,冷岛强度越高,裸地占比越高,冷岛强度越低。

地表覆盖各指标中绿地占比、水域占比、DEM、NDVI的增加会导致冷岛强度的增加,而不透水地面占比、裸地占比的增加会导致冷岛强度的减弱。

3. 指标综合作用分析

通过上述的分类型指标分析可知,城市功能指标、城市建筑指标和地表覆盖指标中的各指标对冷岛强度的影响各不相同,有正面的也有负面的,为更加清晰地认知各要素的影响,以及量化其影响指数,本节研究将通过选取核心指标并进行多元线性回归分析以达到量化分析的目的。

（1）核心指标选取

通过上述分析可知,各指标对冷岛强度的影响各不相同,其拟合程度也是有高有低。为更加简明地描述各指标对冷岛强度的影响机制,同时也为指导实践增加可行性,因此本节对原指标进行筛选,提取核心影响因子。通过上述单因子分析可提取核心指标,如表4-5所示。

表4-5　核心指标筛选结果

指标类型	指标名称
城市功能	人口密度
	M类用地占比
	B类用地占比
	A类用地占比
	R类用地占比
城市建筑	平均建筑密度
地表覆盖	绿地占比
	水域占比
	不透水地面占比
	NDVI

（资料来源:钱兆.合肥市主城区蓝绿空间冷岛效应及空间优化研究[D].合肥:安徽建筑大学,2021.）

（2）多元回归分析

为获得更精确的冷岛强度与核心指标间的关系模型,本节对核心指标与冷岛强度进行多元回归分析,得出不同核心指标对冷岛强度影响的贡献值,预测模型如下所示:

$$UCI=k_0+k_1RK+k_2MD+k_3BD+k_4AD+k_5RD+k_6JM+k_7LD+k_8SY+k_9BT+k_{10}ND$$

其中 UCI 为冷岛强度, RK 为人口密度, MD 为M类用地占比, BD 为B类用地占比, AD 为A类用地占比, RD 为R类用地占比, JM 为平均建筑密度, LD 为绿地占比, SY 为水域占比, BT 为不透水地面占比, ND 为NDVI。

在进行多元线性回归中NDVI未通过共线性检测,人口密度未通过显著性检测,故将二者排除,重新构建模型,如下所示:

$$UCI=k_0+k_1MD+k_2BD+k_3AD+k_4RD+k_5JM+k_6LD+k_7SY+k_8BT$$

表 4-6 核心指标与冷岛强度多元回归分析结果

模型	非标准化系数		标准化系数	T	R^2
	B	标准错误			0.918
k_0	−2.245	0.061		−37.048	
LD	0.051	0.001	0.762	70.552	
SY	0.069	0.001	0.493	66.074	
BT	−0.067	0.006	−0.087	−12.014	
MD	−0.020	0.001	−0.181	−21.530	
RD	0.016	0.001	0.139	14.043	
BD	−0.002	0.002	−0.007	−1.050	
AD	−0.005	0.001	−0.027	−3.855	
JM	−0.624	0.286	−0.024	−2.182	

（资料来源：钱兆.合肥市主城区蓝绿空间冷岛效应及空间优化研究［D］.合肥：安徽建筑大学,2021.)

由表4-6可知,模型拟合度R^2=0.918,属于拟合程度较高的结果,具有较高的可信度。由上表可构建核心指标与冷岛强度的模型表达式,表达式如下所示：

$$UCI=-37.048-0.181MD-0.007BD-0.027AD+0.139RD-0.024JM+$$
$$0.762LD+0.493SY-0.087BT$$

4. 城市宏观形态对城市冷岛效应的作用机制分析

城市功能方面,M类用地对城市的冷岛强度的副作用最为强烈,这与前人的研究结论相同,M类用地的增加所带来的便是能源消耗的急剧增加,在这个过程中产生了大量的热量,同时在M类用地中由于生产需求等有着大量的不透水地面,这些区域对热量有着较强的吸收作用,导致空间热环境的升温,冷岛强度降低(刘宇 等,2006;峰一,2019)。B类用地和A类用地对冷岛强度起着减弱的作用,这些区域为人流活动密集地区,这些区域人的活动强度较高,产生大量的热量,同时在人的活动行为发生的同时,也伴随着空调等设施的使用,这些设施同样产生了大量的热量,导致空间热环境的升温,冷岛强度降低。R类用地在多元回归中对冷岛强度起正作用,但在单因子分析中R类用地对冷岛强度起负作用,这说明虽然R类用地的增加会减弱冷岛强度,但同其他负面指标相比(M类用地、不透水地面等)其作用程度低。

城市建筑方面,建筑密度对冷岛强度起着减弱的作用,其作用主要表现在两个方面,一方面建筑密度影响城市风环境、间接影响热岛,另一方面建筑密度的增加往往伴随着人的活动的增加,导致热量的增加,冷岛强度降低。

地表覆盖方面,不透水地面的增加对冷岛强度起着减弱的作用,主要表现在非渗透性表面蒸散发能力低,热容量小,热传导率、热扩散率大,接收太阳辐射后导致周围的大气扩散,致使地表气温相对较高,冷岛强度降低。绿地占比、水域占比会对冷岛强度起增强作用,这与前人的研究结论一致,绿地能够通过植物和水体的蒸腾作用增加空气湿度和降低空气温度,有效增强冷岛效应。

4.1.4 城市宏观形态对颗粒物浓度的影响

相关研究表明,土地利用、道路交通对$PM_{2.5}$空间分布有影响(王涛 等,2016;谢舞丹等,2017),故本书把土地利用强度指标(建筑密度、容积率、绿地率)、道路等级(主干路长度、次干路长度、支路长度)纳入模型,基于ArcGIS平台,通过对监测点建立1000 m缓冲区,提取缓冲区内6类指标,运用逐步回归分析法分析土地利用、道路交通对$PM_{2.5}$质量浓度空间分布的影响。最终进入模型的自变量分别是绿地率、主干路长度和容积率,模型R^2值是0.82,变量的显著性检验小于0.05,与因变量$PM_{2.5}$浓度的相关系数分别为0.78、0.67、0.61。

(1)$PM_{2.5}$浓度与土地利用关系

回归分析表明,合肥市主城区$PM_{2.5}$浓度与绿地率、容积率有较强关联性。绿地率越高,$PM_{2.5}$浓度相对越低;容积率越高,$PM_{2.5}$浓度相对越高。城市绿地对$PM_{2.5}$有一定的消解作用(肖玉 等,2015),相关研究表明,生态绿化容积率、绿地率与大气颗粒物浓度呈负相关(张伟,2015),合理的绿地空间布局能改善空气质量(王薇 等,2016),本研究结论与上述成果一致,城市绿地率与$PM_{2.5}$浓度呈负相关。目前关于土地容积率与$PM_{2.5}$浓度的关系研究并不多见,有研究表明,容积率与$PM_{2.5}$浓度成正比(俞珊 等,2017),本研究发现在1月的监测中各监测点$PM_{2.5}$浓度较高时($PM_{2.5}$浓度大于90 $\mu g/m^3$),监测点的1000 m缓冲区范围内普遍有着较高的容积率,仅在长江中路监测点在$PM_{2.5}$浓度较高时容积率低,考虑长江中路监测点周边交通流量大,综合效应导致了较高的$PM_{2.5}$浓度。总体而言,$PM_{2.5}$浓度与土地利用有较强的关联性,绿地率与$PM_{2.5}$浓度呈显著负相关,容积率与$PM_{2.5}$浓度有一定正相关,土地利用性质和其他因素综合影响$PM_{2.5}$浓度。中心城区通过增加公共绿地空间、合理控制容积率,可以改善空气质量。

(2)$PM_{2.5}$浓度与道路交通的关系

回归分析表明,合肥市主城区$PM_{2.5}$浓度与主干路长度有较强关联性,主干路长度越大,$PM_{2.5}$浓度相对越高,这与交通流量与$PM_{2.5}$浓度呈正相关的研究成果一致(王涛 等,2016)。叠加合肥市主要道路与$PM_{2.5}$空间分布图(如图4-7所示),可以看出,南北向主干路(徽州大道、包河大道)与东西向主干路(长江路)交汇处是$PM_{2.5}$浓度最高的地区,滨湖新区等$PM_{2.5}$浓度高值区也是南北向主干路经过的区域。总体而言,交通流量大的主干路与$PM_{2.5}$浓度存在正向关系,汽车尾气排放是主要污染源,加强公共交通和电动汽车的使用,可有效降低$PM_{2.5}$浓度。

4.2 街区尺度下的城市形态对城市气候的影响

4.2.1 居住区

(1)研究区域与方法

城市土地利用格局决定了城市污染物的空间分布特征,空间形态决定了污染物的扩

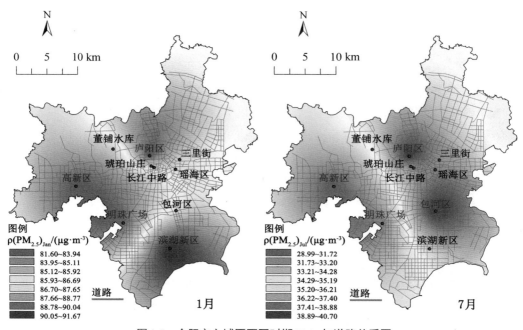

图4-7　合肥市主城区不同时期 PM$_{2.5}$ 与道路关系图

(资料来源:顾康康,祝玲玲.合肥市主城区 PM$_{2.5}$ 时空分布特征研究[J].
生态环境学报,2018,27(6):1107-1112.)

散特征(顾康康 等,2018;牛慧敏 等,2016;Li et al.,2017)。居住用地自身造成的污染物浓度较低,但容易受周边污染扩散影响(于静 等,2011)。城市居住区较其他类型用地构成要素更多样,进而居住区空间形态差异较大,不同的城市居住区空间形态直接影响污染物扩散状态(吴正旺 等,2016a;吴正旺 等,2016b)。同时,不同空间形态及功能的城市区域形成不同的微气候,然而城市不同区域的微气候会对市民生活工作有很大影响(邹源 等,2008)。居住是城市首要的功能,城市居住区是城市的一个小组团,研究城市居住区的空间形态布局对居住区微气候的影响意义重大。

综合考虑各项因素的影响,本次实测地点选择位于合肥市老城区与新城区的6个居住区(宝业城市绿苑西区、华泰小区、信达公园里、保利拉菲公馆、融侨悦城、东方蓝海)为颗粒物浓度与城市形态关联性的研究对象。依据居住区空间形态的差异,将6个居住区分为绿地率对比组、容积率对比组、老城与新城对比组,其位置分别位于新城区(信达公园里、保利拉菲公馆、融侨悦城、东方蓝海)、老城区(宝业城市绿苑西区、华泰小区),其具体指标如表4-7所示。

研究采用实地监测法对研究区域的 PM$_{2.5}$ 浓度和 PM$_{10}$ 浓度的空间及时间分布特征进行分析。于2018年11月—2019年2月选择连续晴朗的三天对三组居住区分别进行测试,每个对比组在同一时间进行测试,测试时间为09:00—17:00,每隔半小时进行监测,监测对象为大气颗粒物指标 PM$_{2.5}$ 浓度和 PM$_{10}$ 浓度。

本研究选择合肥市6个不同类型的居住区(华润紫云府居住区、利港银河广场居住

表4-7　研究区域对比组概况

对比组	名称	位置	容积率	绿地率/%	建设年代
绿地率对比组	宝业城市绿苑西区	东二环	1.7	40	2010
	华泰小区	东二环	1.3	20	2000
容积率对比组	信达公园里	滨湖	2.21	40	2016
	保利拉菲公馆	滨湖	3.5	40	2014
老城与新城对比组	融侨悦城	北二环外附近	2.6	41	2015
	东方蓝海	滨湖	2.8	40	2015

（资料来源：祝玲玲.合肥市居住区空间形态与PM$_{2.5}$浓度关系模拟及优化研究[D].合肥：安徽建筑大学，2019。）

区、新加坡花园城居住区、滨湖明珠居住区、金濠居住区、宝业城市绿苑西区）为微气候与城市形态关联性的研究对象，依据居住区开发强度3个典型指标（容积率、绿地率和建筑密度）的差异，将6个居住区分为绿地率对比组（新加坡花园城居住区与金濠居住区）、容积率对比组（华润紫云府居住区与宝业城市绿苑西区）和建筑密度对比组与（滨湖明珠居住区与利港银河广场居住区），3个对比组分别位于次中心城区、中心城区、城市边缘区（如表4-8所示）。

表4-8　研究区域对比组概况

对比组	名称	位置	容积率	绿地率/%	建筑密度/%	类型
绿地率对比组	新加坡花园城居住区	高新区	1.5	60	19.7	多层低密度
	金濠居住区	高新区	1.2	35	19.2	多层低密度
容积率对比组	华润紫云府居住区	瑶海区	4.2	40	22	高层低密度
	宝业城市绿苑西区	瑶海区	1.67	40	24	多层高密度
建筑密度对比组	滨湖明珠居住区	滨湖区	2.71	40	11	高层低密度
	利港银河广场居住区	滨湖区	3.0	40	21	小高层高密度

（资料来源：顾康康，祝玲玲.城市居住区开发强度与微气候的关联性研究——以合肥市为例[J].生态环境学报，2017，26（12）：2084-2092.）

测试指标包括温度、湿度和风速。2017年5—6月选取3个晴朗微风的日子进行测试，测试时间为09：00—17：00，同一个对比组同时进行测试，风速采用路昌AM-4204HA风量计仪器测定，温湿度采用建通JTR08D温湿度仪器测定。每个居住区在楼间的硬质地面设置1个监测点，在每一组居住区各设置2个测试点，监测点1位于楼间的硬质地面，监测点2位于中心广场绿地。

（2）关联性分析

①开发强度指标与颗粒物浓度的关系

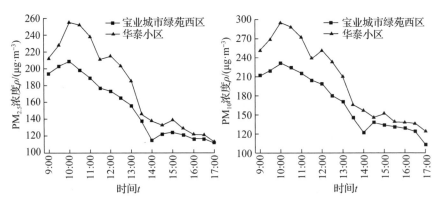

图4-8　宝业城市绿苑西区与华泰小区大气颗粒物浓度对比图

（资料来源：祝玲玲.合肥市居住区空间形态与PM$_{2.5}$浓度关系模拟及优化研究[D].
合肥：安徽建筑大学，2019.）

从图4-8可以看出，位于老城区的华泰小区居住区PM$_{2.5}$浓度和PM$_{10}$浓度均大于宝业城市绿苑西区居住区，两居住区位于交通区位相同的市中心的老城区，两个居住区的容积率相近，因此，造成两者区别较大的原因是绿地率大小，绿化植被具有降温、增湿、调节微气候的功能，此外，植物通过叶片孔径、粗糙的叶片茸毛表皮吸收一定量的大气颗粒物，从而降低大气颗粒物浓度。通过测试结果可以看出，绿化植被能在一定程度上缓解PM$_{2.5}$和PM$_{10}$污染。

在对居住区绿化率对比组的测试中，测试人员试图控制其他因素不变，改变居住区绿地率大小，探讨在相同的环境下不同绿地率的居住区内PM$_{2.5}$浓度的扩散分布规律以及变化趋势。采用ENVI-met软件，在考虑温湿度、风向、云层厚度等气候条件下，对不同绿地率的居住区的PM$_{2.5}$浓度进行模拟和分析。

图4-9是东北风的条件下，时间为15点，绿地率分别为20%、25%、30%、35%、40%的居住区1.4 m高度的PM$_{2.5}$浓度分布图。图4-10是在以东北风为主导风向，绿地率分别为20%、25%、30%、35%、40%的情况下，居住区内1.4 m高度西侧到东侧建筑间PM$_{2.5}$浓度对比图，PM$_{2.5}$浓度随着绿地率大小变化呈现出一定的规律。

从图4-10可以看出，随着绿地率的增大，PM$_{2.5}$浓度呈现出减小的趋势。建筑背风向的PM$_{2.5}$浓度较大，尤其是贴近建筑处的PM$_{2.5}$浓度，PM$_{2.5}$浓度较小的为建筑间的开阔地带，居住区的西南侧PM$_{2.5}$浓度较大。从图4-10可以看出，PM$_{2.5}$浓度随着绿地率的增大而减小。但是当绿地率大小超过35%时，PM$_{2.5}$浓度随着绿地率的增大而减小的趋势逐渐减缓。绿地植被通过植物表面体吸附颗粒物，降低PM$_{2.5}$的浓度（乔冠皓 等，2017；Lu et al.，2018；Xie et al.，2018）。此外，绿地能改善居住区温湿环境，也可防止扬尘的二次污染。但是植被密度过大会阻挡风的流动，使得居住区空间内的PM$_{2.5}$处于稳定的环境中，不利于扩散。通过综合分析，绿地率在35%以上，可有效降低居住区的PM$_{2.5}$浓度。

从图4-11可以看出，位于滨湖新城的保利拉菲公馆居住区PM$_{2.5}$浓度和PM$_{10}$浓度均大于信达公园里居住区，两个居住区位于交通区位相同的城市边缘的滨湖新城，两个居住区

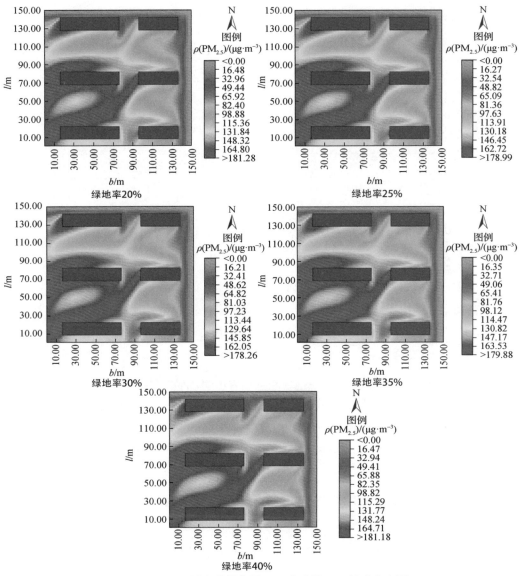

图4-9 不同绿地率的居住区1.4m高度的PM_{2.5}浓度分布图

（资料来源：祝玲玲,顾康康,方云皓.基于ENVI-met的城市居住区空间形态与PM_{2.5}浓度关联性研究[J].
生态环境学报,2019,28(8):1613-1621.）

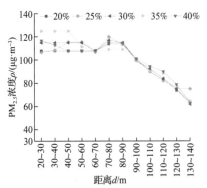

图4-10 不同绿地率的的居住区内1.4m高度西侧到东侧建筑间PM_{2.5}浓度对比图

（资料来源：祝玲玲,顾康康,方云皓.基于ENVI-met的城市居住区空间形态与PM_{2.5}浓度关联性研究
[J].生态环境学报,2019,28(8):1613-1621.）

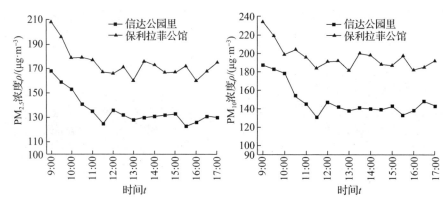

图4-11　信达公园里与保利拉菲公馆大气颗粒物浓度对比图

（资料来源:祝玲玲.合肥市居住区空间形态与PM$_{2.5}$浓度关系模拟及优化研究[D].
合肥:安徽建筑大学,2019.）

的绿地率大小一致,因此,造成两者区别较大的原因是容积率大小的不同,容积率高的保利拉菲公馆居住区由于居住人口数量较大、内部车流量较多等造成能源消耗较大、污染较多,从而大气颗粒物浓度较大。并且容积率较高的居住区建筑密集、高度较高,通风环境较差,PM$_{2.5}$和PM$_{10}$聚集而难以扩散。

在对居住区容积率对比组的测试中,测试人员试图控制其他因素不变,改变居住区容积率大小,探讨在相同的环境下不同容积率的居住区内PM$_{2.5}$浓度的扩散分布规律以及变化趋势。采用ENVI-met软件,在考虑温湿度、风向、云层厚度等气候条件下,对不同容积率的居住区的PM$_{2.5}$浓度进行模拟和分析。图4-12是在以东北风为主导风向,容积率分别为0.8、1.2、1.6、2的居住区1.4 m高度的PM$_{2.5}$浓度分布图。图4-13是东北风的条件下,时间为冬季15点,容积率分别为0.8、1.2、1.6、2的居住区1.4 m高度西侧到东侧建筑间PM$_{2.5}$浓度对比图。

从图4-12可以看出,随着容积率的增大,建筑间距的减小,居住区整体空间内的PM$_{2.5}$浓度增加较为明显,浓度较低的蓝色区域缩减程度明显,在居住区建筑间尤其明显;居住区外西南角重度污染区(紫色、红色)面积随着容积率的增大而增大。此外,建筑背风向的PM$_{2.5}$浓度较大,尤其是贴近建筑处区域的PM$_{2.5}$浓度,建筑间开阔地空间浓度较建筑附近的浓度小。由图4-13的数据对比可以发现,PM$_{2.5}$浓度较低的容积率为0.8,其次为1.2,容积率为1.6和2的居住区PM$_{2.5}$浓度较高,其平均浓度分别为131.678 μg·m^{-3}、139.402 μg·m^{-3}、159.906 μg·m^{-3}、154.638 μg·m^{-3}。综上所述,可以基本认为居住区整体空间内的PM$_{2.5}$浓度随着居住区容积率的增大而逐渐增大。

研究对不同容积率的城市居住区PM$_{2.5}$浓度进行模拟,对其PM$_{2.5}$浓度进行比较分析,在居住区内建筑间1.4 m高度下,居住区整体空间内的PM$_{2.5}$浓度随着居住区容积率的增大而逐渐增大。

②交通区位与颗粒物浓度的关系

从图4-14可以看出,融侨悦城居住区PM$_{2.5}$浓度和PM$_{10}$浓度均大于东方蓝海居住区,两个居住区的容积率差距不大,两者绿化率一样,因此,造成两者区别较大的原因是交通

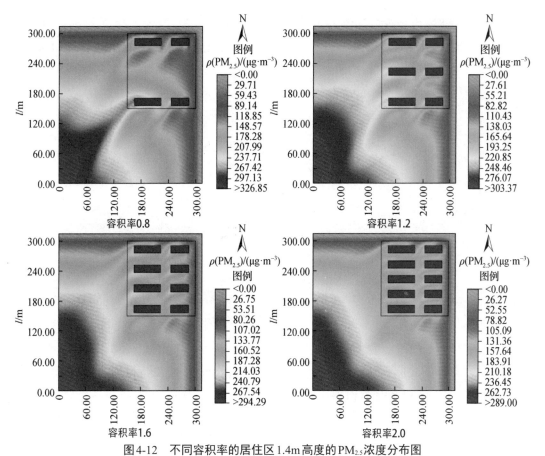

图4-12　不同容积率的居住区1.4m高度的PM2.5浓度分布图

（资料来源：祝玲玲，顾康康，方云皓.基于ENVI-met的城市居住区空间形态与PM2.5浓度关联性研究[J].
生态环境学报，2019，28（8）：1613-1621.）

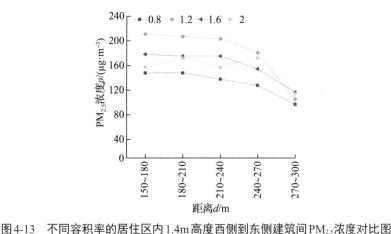

图4-13　不同容积率的居住区内1.4m高度西侧到东侧建筑间PM2.5浓度对比图

（资料来源：祝玲玲，顾康康，方云皓.基于ENVI-met的城市居住区空间形态与PM2.5浓度关联性研究[J].
生态环境学报，2019，28（8）：1613-1621.）

区位的区别,位于城市老城区的融侨悦城居住区由于老城区整体开发强度及土地利用率高、道路交通流量大等原因,造成大气颗粒物PM2.5浓度和PM10浓度较大,滨湖新城的东方蓝海居住区位于城市边缘滨湖新区,虽然滨湖新区整体开发强度较大,但滨湖新区由于附近有巢湖、周围有大片未开发的农用地,"蓝绿空间"用地较多,有效降低了滨湖的$PM_{2.5}$浓度和PM_{10}浓度,这与相关学者的研究结论一致。

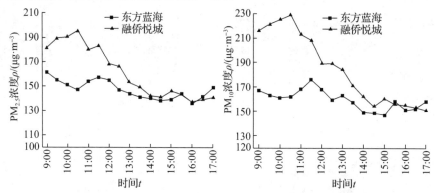

图4-14　融侨悦城与东方蓝海大气颗粒物浓度对比图

(资料来源:祝玲玲.合肥市居住区空间形态与$PM_{2.5}$浓度关系模拟及优化研究[D].

合肥:安徽建筑大学,2019.)

③住宅群体平面组合形式与颗粒物浓度的关系

本研究总结了合肥4种常见的居住区住宅群体平面组合形式:行列式、点群式、周边式、混合式,采用ENVI-met数值模拟软件,在考虑温湿度、风向、云层厚度等气候条件下,对不同住宅群体平面组合形式的居住区$PM_{2.5}$浓度进行模拟,对比、分析各住宅群体平面组合形式的优缺点,提出利于合肥居住区$PM_{2.5}$扩散的住宅群体平面组合最优方式,尝试以城乡规划学科为切入点从技术角度定量解决城市居住区的人居环境难题。

图4-15是在东北风的条件下,时间为冬季15:00点,不同住宅群体平面组合形式的居住区1.4 m高度的$PM_{2.5}$浓度分布图。图4-16是在不同住宅群体平面组合形式的居住区内1.4 m高度西侧到东侧建筑间$PM_{2.5}$浓度对比图。从两图可以看出,不同住宅群体平面组合形式的居住区$PM_{2.5}$浓度分布呈现出较大的差异。

从图4-15可以看出,在周边式的居住区内部的西侧与西南角$PM_{2.5}$容易积聚,且面积较大,模拟分析图中呈现红色、黄色,而混合式与之类似,略低于周边式,表明周边式和混合式较其他形式居住区内部$PM_{2.5}$更加难以扩散。行列式与点群式的居住区内部没有出现$PM_{2.5}$聚集的现象,且$PM_{2.5}$浓度分布较为稳定,但是点群式居住区外西南角较行列式$PM_{2.5}$积聚的面积(紫红色部分)更大。通过图4-16的数据对比发现,周边式与混合式的$PM_{2.5}$浓度较高,周边式略高于混合式,其次为行列式,浓度最低的为点群式,其平均浓度分别为:171.78 μg/m³、170.021 3 μg/m³、169.255 μg/m³、172.365 μg/m³,在西侧开阔地间十分明显,且4种布局方式浓度均达到最高,分别是265.51 μg/m³、25.91 μg/m³、174.96 μg/m³、203.7 μg/m³。综上所述,最有利的布局模式为:行列式。因此,居住区住宅群体平面组合的最佳方式为行列式,其次为点群式,混合式和周边式不利于居住区的$PM_{2.5}$扩散。

本节在对合肥市居住区住宅群体平面组合形式进行分析总结后,提炼最常见的4种住宅群体平面组合形式,对4种住宅群体平面组合形式的居住区$PM_{2.5}$浓度进行数值模拟,

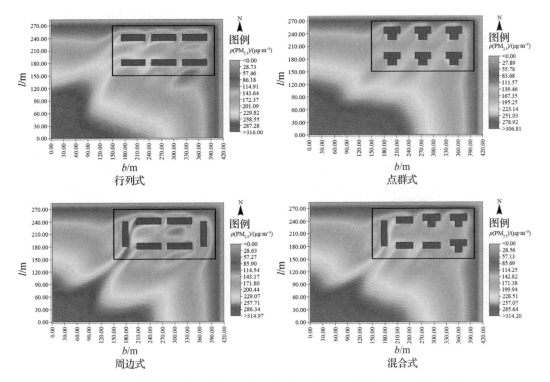

图4-15　不同住宅群体平面组合形式的居住区1.4 m高度的PM₂.₅浓度分布图

（资料来源：祝玲玲，顾康康，方云皓.基于ENVI-met的城市居住区空间形态与PM₂.₅浓度关联性研究[J].生态环境学报，2019，28（8）：1613-1621.）

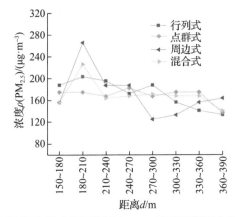

图4-16　不同住宅群体平面组合形式的居住区内1.4 m高度西侧到东侧建筑间PM₂.₅浓度对比图

（资料来源：祝玲玲，顾康康，方云皓.基于ENVI-met的城市居住区空间形态与PM₂.₅浓度关联性研究[J].生态环境学报，2019，28（8）：1613-1621.）

得出不同住宅群体平面组合形式的居住区PM₂.₅平均浓度从低到高依次为：行列式、点群式、混合式、周边式。

④开发强度指标与微气候的关系

如图4-17所示为居住区温度日变化图，由图可知，6个居住区温度日变化较明显，呈现早晚低白天高的单峰双谷型特征。6个居住区温度峰谷值出现时间不同，但谷值都出

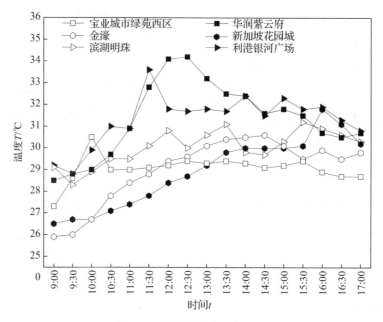

图4-17　居住区温度日变化图

(资料来源:顾康康,祝玲玲.城市居住区开发强度与微气候的关联性研究——以合肥市为例[J].
生态环境学报,2017,26(12):2084-2092.)

现在上午,峰值都出现在中、下午。从最高值来看,华润紫云府居住区(34.2 ℃) > 利港银河广场居住区(33.6 ℃) > 新加坡花园城居住区(31.8 ℃) > 滨湖明珠居住区(31.2 ℃) > 金濠居住区(30.6 ℃) > 宝业城市绿苑西区(30.5 ℃)。从日均值来看,华润紫云府居住区(31.35 ℃) > 利港银河广场居住区(31.32 ℃) > 滨湖明珠居住区(30.04 ℃) > 宝业城市绿苑西区(29.06 ℃) > 金濠居住区(29.0 ℃) > 新加坡花园城居住区(28.91 ℃)。

由此可知,城市中心城区热岛效应明显,次中心城区与城市边缘区较弱。热岛伴随城市而出现,在人口和建设强度越大的地区,城市热岛效应越显著(彭保发等,2013;刘宇峰 等,2015;崔胜辉 等,2015)。合肥滨湖新区属于城市边缘区,但开发强度较大,因此,该区域热岛效应比较明显。总体上,合肥居住区温度呈现从中心向外围递减的趋势,中心城区的热岛效应十分显著。

对比不同开发强度因素对温度的影响(图4-17),容积率对比组两居住区在中午呈现显著差异,最高相差4.9 ℃;绿地率对比组两居住区在上午及中午差异较显著,最高相差1 ℃;建筑密度对比组两居住区在13:30—15:00差异显著,最高相差3.5 ℃。由此可知,居住区开发强度指标对温度的影响从大到小分别是容积率、建筑密度、绿地率。降低居住区容积率是降低城市热岛效应的重要手段。

从图4-18可知,6个居住区湿度日变化较明显,呈现早晚高白天低的单谷双峰型特征。6个居住区的湿度峰谷值出现时间不同,但峰值都出现在上午,谷值都出现在中午和下午。从最高值来看,滨湖明珠居住区(78.9%) > 宝业城市绿苑西区(78.3%) > 华润紫云府居住区(78.3%) > 利港银河广场居住区(77.3%) > 新加坡花园城(69.1%) > 金濠居住区

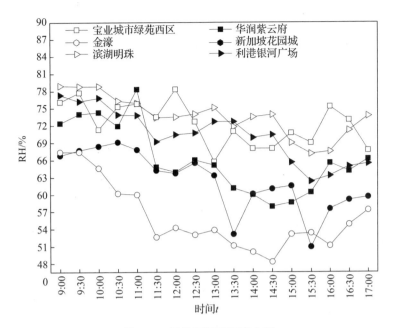

图4-18 居住区湿度日变化图

(资料来源:顾康康,祝玲玲.城市居住区开发强度与微气候的关联性研究——以合肥市为例[J].
生态环境学报,2017,26(12):2084-2092.)

(67.4%)。从日均值来看,滨湖明珠居住区(73.67%)>宝业城市绿苑西区(72.3%)>利港
银河广场居住区(70.32%)>华润紫云府居住区(66.15%)>新加坡花园城居住区
(62.31%)>金濠居住区(56.01%)。由此可知,合肥居住区湿度总体呈现从中心向外围递
增的趋势,中心城区的湿度偏低。

对比不同开发强度对湿度的影响(图4-18),在容积率对比组中,低容积率居住区宝
业城市绿苑西区湿度比华润紫云府居住区大,日均值相差6.15%;两居住区在中午及下午
呈现显著差异,最高相差14.4%。在绿地率对比组中,高绿地率居住区新加坡花园城居住
区的湿度均比金濠居住区大,日均值相差6.3%;两居住区中午及下午差异均显著,最高相
差12.7%。在建筑密度对比组中,低密度居住区利港银河广场居住区湿度比滨湖明珠居
住区湿度小,日均值相差3.35%;两居住区在下午差异显著,最高相差8.3%。由此可知,居
住区开发强度指标对湿度的影响从大到小依次是绿地率、容积率、建筑密度。故提高居住
区绿地率、降低居住区容积率是提高城市空气湿度的重要手段。

如图4-19所示为居住区风速日变化图,6个居住区风速日变化均较明显,呈现白天高
早晚低并呈现波状起伏变化的特征。从最高值来看,滨湖明珠居住区(3.2 m/s)>银河利
港广场居住区(2.3 m/s)>金濠居住区(2.3 m/s)>华润紫云府居住区(1.6 m/s)>宝业城市
绿苑西区居住区(1.5 m/s)>新加坡花园城居住区(0.9 m/s)。从日均值来看,滨湖明珠居
住区(1.46 m/s)>银河利港广场居住区(1.25 m/s)>金濠居住区(0.75 m/s)>华润紫云府
居住区(0.71 m/s)>新加坡花园城居住区(0.44 m/s)>宝业城市绿苑西区居住区(0.28 m/s)。
由此可知,合肥居住区风速总体呈现从中心向外围递增的趋势,中心城区的风速偏低。

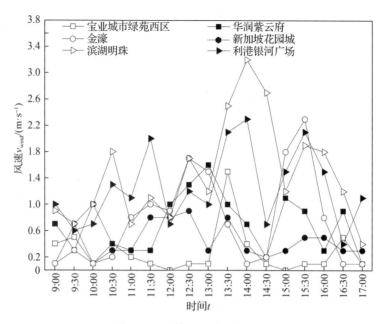

图4-19　居住区风速日变化图

（资料来源：顾康康，祝玲玲.城市居住区开发强度与微气候的关联性研究——以合肥市为例［J］.
生态环境学报，2017，26（12）：2084-2092.）

　　对比不同开发强度对风速的影响，容积率对风速的作用主要是通过建筑高度来体现的（Meggers et al.，2016），总体而言，容积率较高的华润紫云府居住区风速比宝业城市绿苑西区居住区高，日平均值相差0.43 m/s；容积率对比组两居住区风速在中午及下午呈现显著差异，最高相差1.5 m/s。绿地率对风速的作用与其值大小和植被类型都有关，总体而言，新加坡花园城的风速比金濠居住区小，日平均值相差0.31 m/s。绿地率对比组两居住区风速在中午及下午差异较显著，最高相差1.2 m/s。建筑密度决定城市空地率或建筑密集程度，进而影响风速，总体而言，利港银河广场居住区的风速较比滨湖明珠居住区小，日平均值相差0.21 m/s；建筑密度对比组两居住区在下午差异显著，最高相差1 m/s。由此可知，居住区开发强度指标对风速的影响从大到小依次是容积率、绿地率、建筑密度。

　　城市居住区微气候影响因素非常多，包括可调控因素和不可调控因素，同时微气候之间也是相互作用的（Wong et al.，2016）。本书主要研究城市居住区常规开发强度指标（容积率、绿地率、建筑密度）对微气候的影响。

　　容积率对比组中的华润紫云府居住区是高层住宅，密度较低，而宝业城市绿苑西区居住区是低层住宅，密度较高，高层低密度的居住区布局相比低层高密度的居住区为住宅的周围建筑及环境提供更多的建筑遮阴效果，同时更大的宽阔度使得住宅周围环境散热快（王敏 等，2013）；低层高密度居住区提供了更多的街巷空间以及建筑阴影，减少了低层建筑所接受的太阳辐射（Middel A et al.，2014）。高层低密度的华润紫云府居住区虽然利于通风且其产生的阴影能降低温度，但低层高密度的宝业城市绿苑西区居住区的建筑所接受的太阳辐射更少，导致宝业城市绿苑西区居住区温度较华润紫云府居住区低。此外，华润紫云府居住区容积率较大,居住人数和能源消耗较多,温度较高,温度与湿度之间存在着强烈的负相关性,华润紫云府居住区温度较高,强蒸发作用导致居住区湿度较低。

华润紫云府居住区和宝业城市绿苑西区居住区绿地率、建筑密度相近,造成其风速差别的因素是容积率,进一步来说是高度造成的。高层建筑之间更容易形成峡谷效应,有利于局部空气流通,产生峡谷风及下沉风(韩贵锋 等,2016)。通过将宽度和高度控制在较小范围内,巷道内一侧有建筑形成阴影区,就会形成温度差,从而形成热压通风,改善局部微气候(单樑 等,2013)。华润紫云府居住区的高层建筑容易形成峡谷风,同时建筑阴影区容易形成热压通风。由此可见,高容积率居住区总体呈现高温度、低湿度、高风速的微气候特征。

绿地率对比组中的新加坡花园城居住区和金濠居住区位于次城市中心城区,两者的容积率、建筑密度相近,造成两者微气候差别的主导因素是绿地率。新加坡花园城居住区植被覆盖率较金濠居住区大,植被光合作用将太阳能转化为化学能,减少转化为长波辐射的能量;蒸腾作用吸收热量将显热转化为潜热,从而达到降温的作用(Kong F H et al.,2016)。因此,高绿地率居住区新加坡花园城居住区温度较低。植被在外界风热环境的影响下产生蒸腾作用并释放水蒸气,导致周围湿度高(郑子豪 等,2016),故高绿地率居住区新加坡花园城的湿度较高。

新加坡花园城居住区由于温度较低,与周围环境形成温差,空气流动速度加快。相关研究表明,植物的郁闭度过大可以阻挡一定的风速(Sánchez I A et al.,2015;马杰 等,2013)。新加坡花园城居住区高大乔木及密林阻挡了通风,导致风速较低。由此可见,高绿地率居住区总体呈现低温度、高湿度、低风速的微气候特征。

建筑密度对比组中的利港银河广场居住区和滨湖明珠居住区位于城市边缘区,两者的容积率、绿地率相近,造成两者微气候差别的主导因素是建筑密度。高密度的利港银河广场居住区温度比低密度的滨湖明珠居住区高,表明低密度的居住区温度较低。建筑密度越低,障碍物越少,越有利于居住区通风,从而降低居住区温度,该结论与众多研究结果一致(王伟武 等,2010;樊亚鹏 等,2014)。

滨湖明珠居住区建筑密度低有利于空气流动,居住区温度降低,湿度升高。此外,从东南方向巢湖吹来的湿气流加大了该居住区空气湿度。建筑密度越高,阻挡风的能力越强,从而导致风速减弱。

由此可见,高建筑密度居住区总体呈现高温度、低湿度、低风速的微气候特征。控制居住区建筑密度,提高居住区建筑高度,可以改善城市微气候。

⑤距离市中心距离与微气候的关系

以合肥市府广场为城市中心,计算各居住区到市中心的距离,分别绘出各居住区温度、湿度、风速与居住区距市府广场距离的关系图,如图4-20所示。由图可知,温度与居住区距市府广场的距离相关性不明显,一方面有关研究表明城市热岛效应在白天不明显,而在晚上明显;另一方面这可能与合肥整体开发强度及空间布局有关,滨湖区位于城市边

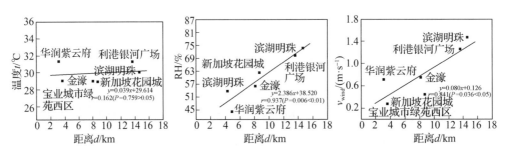

图4-20　微气候与居住区距合肥市中心(市府广场)距离关系

(资料来源:顾康康,祝玲玲.城市居住区开发强度与微气候的关联性研究——以合肥市为例[J].
生态环境学报,2017,26(12):2084-2092.)

缘,但开发强度较大,故该区域热岛效应较明显。因此,控制城市蔓延、发展紧凑型城市、保护生态碳汇空间可以减缓热岛效应。

中心城区的宝业城市绿苑西区居住区和华瑞紫云府居住区在测试当天湿度偏高,给整体实验带来误差,为了保证实验的准确性,以中心城区碧湖云溪一期居住区和昌都汇华府居住区代替该组。由图4-20可知,湿度与居住区距市府广场的距离相关性显著,总体上呈现距离市中心越远其值越大。处于合肥市边缘的滨湖区,属于新开发片区,距离城市中心城区较远,城市整体建设强度和人口密度较中心城区有所降低;该区域东南方向不远处有大面积的水域——巢湖,相关研究表明,湿岛效应主要源于城市绿地和水面的增多。

风速与距市中心的距离相关性显著,总体呈现从中心向外围增大的趋势。中心城区人口密度高、交通流量大、耗热大,城市建设强度高、整个区域建筑密集、绿化及水域较少,一方面对风形成阻挡,另一方面不利于形成空气对流,导致风速较小。

4.2.2　商业区

(1)研究区概况与实测

研究区为前文中选定的庐阳区淮河路步行街区的部分区域,通过实地测量与数值模拟的方法来验证商业街道形态与街区微气候与颗粒物之间的关系。

依据不同街谷实测点位置选择原则,探讨不同街谷形态对$PM_{2.5}$浓度分布影响,选择不同街谷高宽比、两侧建筑高度比的2条街巷的3个测试点进行同时测试,分析不同街谷形态对$PM_{2.5}$浓度分布的影响。测试时间为2020年10月24—25日8:00—18:00,2天的天气条件均为晴天、微风,且气温、湿度变化趋势相似。主要测试内容为$PM_{2.5}$、PM_{10}浓度、温湿度等指标。$PM_{2.5}$和PM_{10}颗粒物数据设置为60s一次自动记录。3个实测点的基本情况如图4-21与表4-9所示:

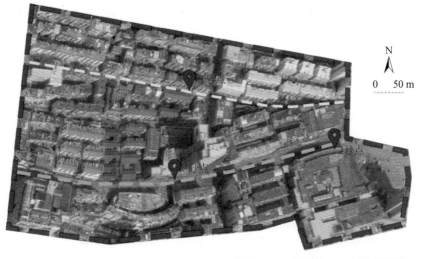

图例 ▼ 实测点 ▓▓▓ 淮河路
      ▓▓ 西窗区范围 ▓▓ 北油坊巷

图4-21　实测点示意图

(资料来源:孙圳.基于街道PM₂.₅分布的街谷空间形态设计策略研究[D].合肥:安徽建筑大学,2021.)

表4-9　实测点街谷性质与形态特征

实验点	街道名称	街道走向	周边环境	街道性质	街道高宽比	街道两侧建筑高度比
1号点	北油坊巷	东西走向	空间封闭	生活型街道	3	4:3
2号点	淮河路	东西走向	空间封闭	商业步行街	2	3:1
3号点	淮河路	东西走向	空间开敞	商业步行街	0.7	3:2

(资料来源:孙圳.基于街道PM₂.₅分布的街谷空间形态设计策略研究[D].合肥:安徽建筑大学,2021.)

（2）模型精度验证

通过对比淮河路步行街区1、2和3号点PM₂.₅实测数据与模拟值,结果表明1号点污染物浓度高于3号点模拟值和2号点模拟值,这与10月24号实测值的变化特征是一致的。其中测试1号点和3号点具有完全不一致的街谷几何形态特征,计算测试1号点与3号点实测值差值与模型值差值,并对结果进行标准化处理后进行分析,可以间接反映ENVI-met软件模拟精度验证。如图4-22所示,8时至12时之间1号点与3号点实测值差值、模拟值差值整体变化趋势较为一致,13时后,1、3号点实测值差值变化趋势呈现抛物线变化趋势,而1、3号点模拟值差值呈现平稳趋势,这是由于13时以后1号点人流量迅速增加导致PM₂.₅浓度快速上升,PM₂.₅实测标准值上升,15点以后3号点PM₂.₅浓度有所上升,实测标准值下降。而软件模拟污染源是稳定不变的,因此变化较为稳定。分析结果表明ENVI-met软件模拟大气颗粒物分布具有可行性,可以进行街道污染物模拟分析,结果如图4-22所示。

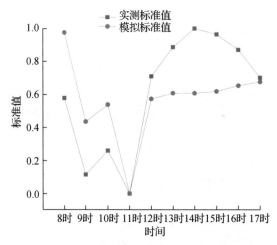

图4-22　不同测试点PM$_{2.5}$实测标准值与模拟标准值

（资料来源：孙圳.基于街道PM$_{2.5}$分布的街谷空间形态设计策略研究[D].合肥：安徽建筑大学,2021.）

（3）ENVI-met模拟与关联性分析

①不同来流风向对街谷PM$_{2.5}$分布的影响

研究运用ENVI-met软件构建不同风向、街谷高宽比、街谷长宽比与街谷两侧建筑高度比等指标的多种模型,分析风向与街谷轴线夹角分别为0°、30°、60°和90°；街谷高宽比为0.5、1、2、3；街谷长宽比为4、6、8、10；两侧建筑高度比为1:1、1:2、1:4、2:1和4:1情况下街谷内部流场与PM$_{2.5}$浓度分布特征。模拟参数（温度、湿度和风速）采用10月24日合肥气象检测站点数据、来流风向设定与街谷夹角分别为0°、30°、60°和90°。污染源设置在街谷中心位置,污染源设置为0.5 m高度,ENVI-met软件可以根据不同类型道路车流量设定污染物排放速率,污染源排放速率设定为13 μg/(s·m),逐时污染物排放速率保持一致。分析不同街谷形态对污染物扩散需要控制外界因素的影响,8时淮河路步行街区车辆与行人较少,不会对街谷内部污染物空间分布造成影响,且通过模拟精度验证8时污染物模拟误差较小,因此采用8时数据进行分析。为保证模拟结果稳定性,设置模型模拟时长为5小时,起始时间设置为4时,结束时间为9时。

街谷内部空气流场的分布受城市来流风向影响,城市风进入街谷后其受到建筑的阻碍作用,风向将发生改变,街谷内污染物的扩散过程与来流风向有极大的关系,其根本原因是各种来流风在街道峡谷内产生不同结构的流场及湍流的动能场。本次模拟通过简化街谷建筑模型,设置街谷两侧建筑高度一致,街谷高宽比（H/W）为1不变,设定模型街谷宽度为10 m,街谷两侧建筑高度为10 m,两侧建筑宽度设定为10 m,分别调整街谷模型不同来流风向,探讨不同来流风向对街谷PM$_{2.5}$浓度分布的影响。图4-23为不同来流风向街谷横截面东、西向流速分布图,根据ENVI-met系统风向设置,风向0°时为北向,街谷轴线与风向夹角为90°,风向90°时为东向,街谷轴线与风向夹角为0°。由图可知,当街谷轴线与风向夹角越小时,街谷东、西向流速越大。当街谷轴线与风向垂直时,街谷内部为微弱的西向流速。通过对比不同街谷轴线与风向夹角可知,随着街谷轴线与风向夹角变小,街谷

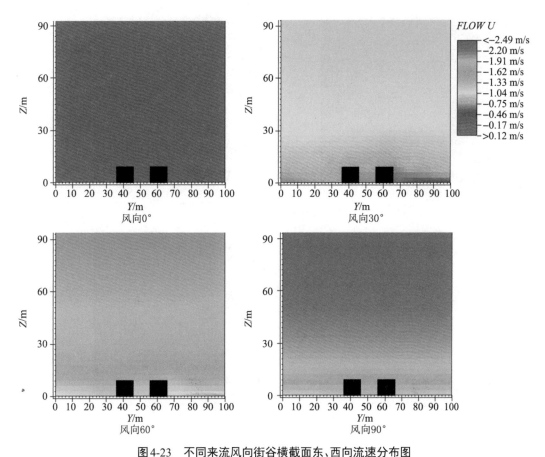

图4-23　不同来流风向街谷横截面东、西向流速分布图

（资料来源：孙圳.基于街道PM$_{2.5}$分布的街谷空间形态设计策略研究［D］.合肥：安徽建筑大学，2021.）

内部西向流速变大，当街谷走向与风向一致时，会在街谷内部形成"狭管效应"，使气流进入街谷后流速迅速增强，形成较强的西向流速。

图4-24为不同来流风向街谷横截面南、北方向流速分布图。当风向与街谷轴线相垂直时，街谷内部为较小的北向流速。风向与街谷轴线夹角越小时，街谷内部的南、北方向流速也越小，街谷上侧风场强度与内部风场形成显著分层，街谷周围的流速显著高于街谷内部流速，街谷内部风速受建筑阻碍的影响，南、北方向流速没有显著变化，体现了建筑对风场具有显著的阻碍作用，街谷外部的风场对内部的污染物扩散没有显著的影响。当街谷轴线与风向夹角平行时，由于街谷"狭管效应"的影响，街谷西向流速迅速增强，街谷内部与周边南、北向风速几乎消失。

图4-25为不同来流风向街谷横截面上、下向流速分布图。当风向与街谷轴线垂直时，来流风受建筑阻碍的影响，街谷内部流速与涡旋强度较弱。夹角为60°时，街谷内部流速继续增强，街谷背风侧建筑形成向上的流速，迎风侧建筑形成向下的流速，内部涡旋不断增强，同时在街谷两端形成较弱的涡旋。风向与街谷轴线夹角为30°时，街谷内部上、下方向流速变强，街谷背风侧建筑形成向上的流速，迎风侧建筑形成向下的流速，中部的涡旋强度增强，街谷两端形成的逆时针涡旋不断增强，有利于街谷内部污染物向外扩散。当

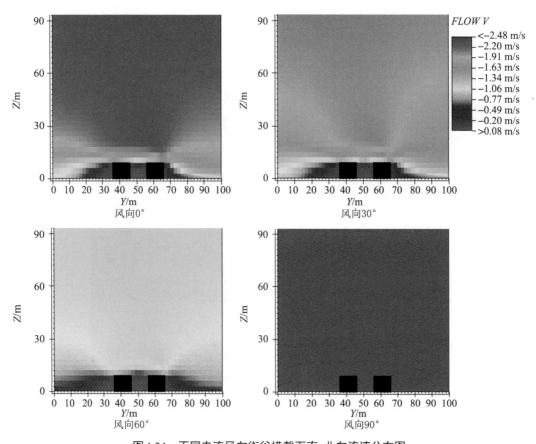

图4-24 不同来流风向街谷横截面南、北向流速分布图

(资料来源:孙圳.基于街道PM₂.₅分布的街谷空间形态设计策略研究[D].合肥:安徽建筑大学,2021.)

来流风向与街谷轴线平行时,街谷内部形成"狭管效应",流速强度较强,街谷内部为较强的西向流速,此时街谷内部上、下方向流速很弱,涡旋强度较弱。

图4-26与图4-27为不同风向街谷平面、横截面$PM_{2.5}$浓度分布图,当来流风向与街谷轴线相互垂直时,街谷内部流速非常小,街谷内部气流比较平稳,不利于街谷内部$PM_{2.5}$浓度向两端扩散,$PM_{2.5}$浓度达到峰值。当街谷轴线与风向夹角为60°时,街谷内部东、西向流速不断增强,能够促进街谷内部$PM_{2.5}$浓度向外扩散,此时街谷内部$PM_{2.5}$浓度达到谷值。当风向与街谷轴线夹角为30°时,街谷内部涡旋强度开始减弱,但较小的风速夹角形成"狭管效应",街谷内部为较强的西向流速,有利于促进街谷内部$PM_{2.5}$扩散。当风向与街谷轴线平行时,街谷内部西向流速会有利于街谷内部$PM_{2.5}$向外扩散,但街谷内部上、下流速较小,不利于街谷内部的$PM_{2.5}$向外扩散出去,且较长的街谷在风向与街谷轴线相平行时,$PM_{2.5}$会沿街谷走向而形成堆积,加重街谷内部的污染程度。

通过分析不同风向与街谷轴线夹角对$PM_{2.5}$浓度分布影响可知,当风向与街谷轴线夹角为60°时街谷内$PM_{2.5}$浓度值最低,风向与街谷轴线垂直时街谷内$PM_{2.5}$浓度值最高,不利于街谷内部$PM_{2.5}$向外扩散。通过分析可知,街谷内部东、西向流速是影响$PM_{2.5}$扩散的主要因素,街谷内部西向流速越大,街谷内部$PM_{2.5}$扩散情况越佳。但当风向与街谷轴线平

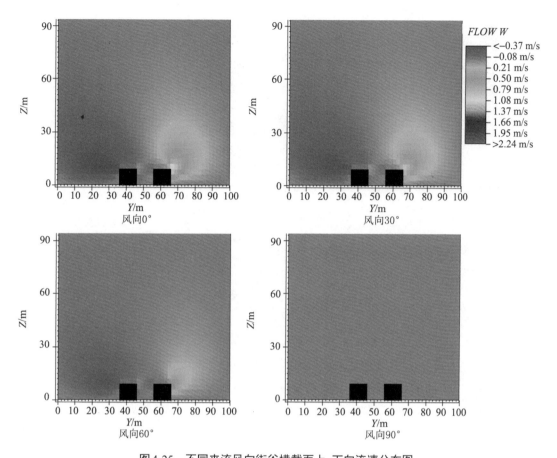

图4-25 不同来流风向街谷横截面上、下向流速分布图

（资料来源：孙圳.基于街道PM₂.₅分布的街谷空间形态设计策略研究[D].合肥：安徽建筑大学，2021.）

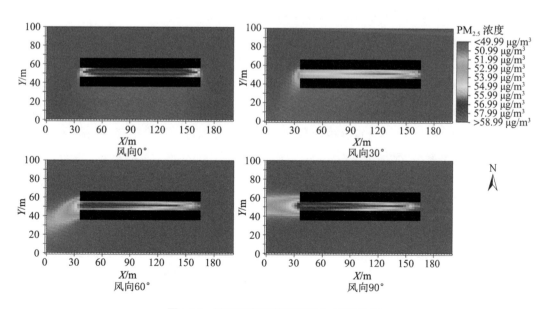

图4-26 不同风向街谷平面PM₂.₅浓度分布

（资料来源：孙圳.基于街道PM₂.₅分布的街谷空间形态设计策略研究[D].合肥：安徽建筑大学，2021.）

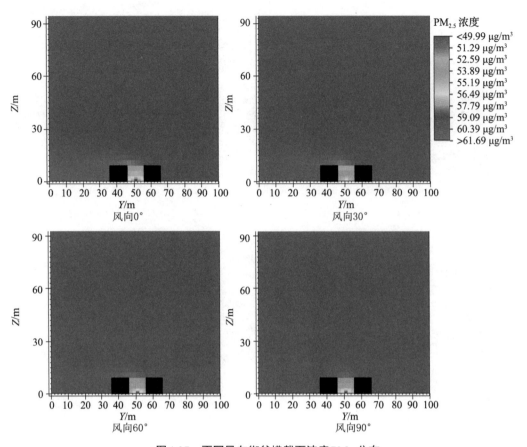

图4-27　不同风向街谷横截面浓度PM$_{2.5}$分布

（资料来源：孙圳.基于街道PM$_{2.5}$分布的街谷空间形态设计策略研究［D］.合肥：安徽建筑大学，2021.）

行时，PM$_{2.5}$会沿街谷走向而形成堆积，使街谷内PM$_{2.5}$浓度升高。

②不同高宽比对街谷PM$_{2.5}$分布影响

街道高宽比（H/W）是街道几何形态的重要参数。研究表明，街谷高宽比的变化会影响街道峡谷空间内部空气流场的结构，进而改变街谷内部PM$_{2.5}$的扩散情况，因此分析不同高宽比街谷空气流场对了解PM$_{2.5}$的扩散特征具有重要意义。淮河路步行街区内部街巷长度多为100~300 m，街巷宽度多为5~15 m。本研究以合肥市淮河路步行街区街巷长度与宽度为模型参考，简化建筑形态特征，不考虑建筑外部形态因素的影响。结合前人研究结果，当街谷H/W小于0.2，0.33 < H/W < 1.67，1.67≤H/W≤2.5和大于2.5时会出现不同的街谷流场特征，能够影响街谷内部污染物的扩散。由于淮河路步行街区街谷高宽比均较高，因此排除街谷高宽比为0.2的情况，运用ENVI-met软件构建高宽比值为0.5、1、2、3的理想化街谷模型，量化分析街谷高宽比对PM$_{2.5}$浓度扩散的影响。模拟街谷宽度为10 m，街谷长度为129 m，保持建筑两侧建筑高度一致，建筑高度分别设置为5 m、10 m、20 m和30 m，分别调整不同建筑高度以改变街谷高宽比。

由不同方向流速分布图可知，由于环境来流风向方向与街谷轴线垂直，因此街谷内部东、西方向流速很小，街谷内部较弱的南向流速与街谷上侧形成的北向流速形成显著流速分层。

　　图4-28为不同高宽比街谷横截面东、西向的流速分布图,由于环境来流风向与街谷轴线相垂直,来流风向受到街谷建筑的阻碍,街谷内部东、西向流速并不显著,说明街谷内部流速分布与街谷来流风向关系密切,随着街谷高宽比不断增大,街谷内部微弱的西向流速逐渐增强,此时街谷建筑对来流风向的阻碍作用使风向发生改变,街谷北侧的东向流速与南侧的西向流速逐渐增强。

　　图4-29为不同高宽比街谷横截面南、北向流速分布图,来流风向受建筑阻碍的影响,街谷内部为较小的南向流速。当街谷高宽比不断增大时,街谷内部的南向流速有增大的趋势,由于建筑高度对风场具有显著的阻碍作用,来流风向会发生改变,在街谷上侧形成与街谷内部相反的北向流速,随着街谷高宽比增加,街谷内部南向流速变化不显著,但街谷上侧的北向流速有增强的趋势,可能会阻碍街谷内部污染物向外扩散。

　　图4-30为不同高宽比街谷横截面上、下向的流速分布图,当街谷高宽比为0.5时,街谷背风侧建筑为向下流场,迎风侧建筑地块为向上流场,街谷内部背风侧的流速明显高于迎风侧的流速,可以判断街谷内侧形成小型逆时针涡旋。街谷高宽比为1的街谷内部流场

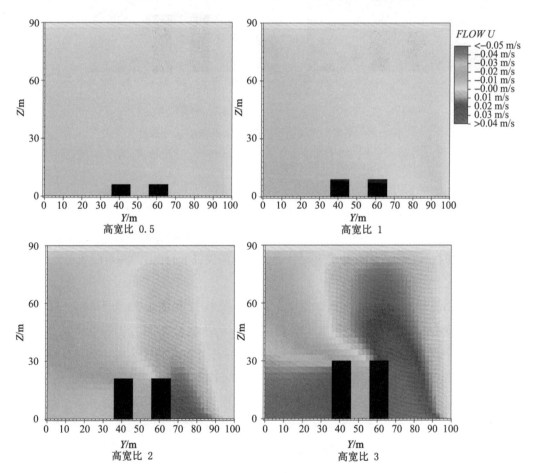

图4-28　不同高宽比街谷横截面东、西向流速分布图

(资料来源:孙圳.基于街道PM$_{2.5}$分布的街谷空间形态设计策略研究[D].合肥:安徽建筑大学,2021.)

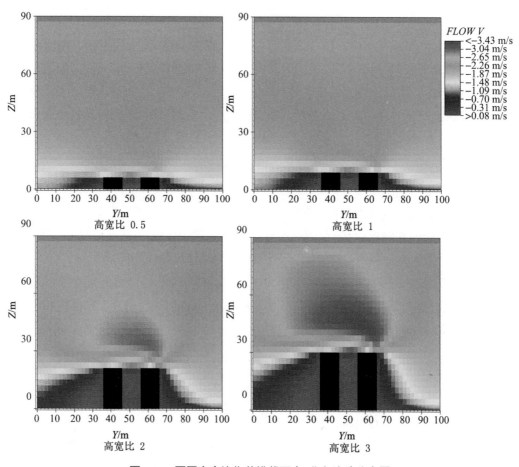

图 4-29　不同高宽比街谷横截面南、北向流速分布图

（资料来源：孙圳.基于街道 $PM_{2.5}$ 分布的街谷空间形态设计策略研究［D］.合肥：安徽建筑大学,2021.）

特征与高宽比 0.5 的相似,但街谷内侧形成逆时针涡旋的强度变小。街谷高宽比为 2 的流场特征与高宽比为 1 和 0.5 时相比差异显著。随着街谷高宽比的不断增加,街谷内部涡旋强度逐渐降低,同时在街谷两侧形成小型逆时针涡旋。街谷高宽比为 3 的街谷内部流场特征与高宽比为 2 时相似,街谷内部小型逆时针涡旋逐渐消失,同时在街谷两端形成小型的逆时针涡旋。

　　街谷内部流场对 $PM_{2.5}$ 扩散具有重要的影响,图 4-31 和图 4-32 为不同高宽比街谷 $PM_{2.5}$ 平面浓度分布图与不同高宽比街谷横截面 $PM_{2.5}$ 浓度分布图。当街谷高宽比为 0.5 时,街谷内部污染物呈现较为显著的扩散特征,通过对街谷内空气流场分析可知,街谷内部南向与向下流速有利于内部污染物向外扩散,街谷内部 $PM_{2.5}$ 浓度明显低于其他模型工况。街谷高宽比为 1 时,街谷内部流场特征与高宽比为 0.5 时的流场特征基本一致,街谷北侧向上的流速与南侧向下的流速逐渐变大,会在街谷上侧形成顺时针涡旋,阻碍街谷内部 $PM_{2.5}$ 向外扩散,街谷内部 $PM_{2.5}$ 浓度变大。街谷高宽比为 2 时,街谷内部流场发生显著改变,此时街谷上、下向流速大幅降低,同时在街谷的东、西两侧形成两个小型涡旋,此时街谷中心空气流速的降低使街谷内部的污染更加严重,街谷两侧形成较大的向上的空气

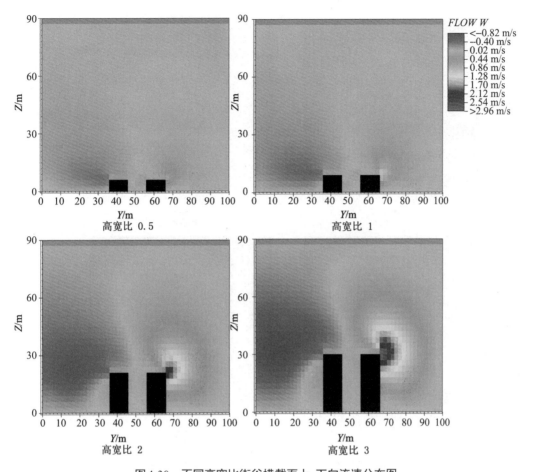

图4-30　不同高宽比街谷横截面上、下向流速分布图

（资料来源：孙圳.基于街道PM₂.₅分布的街谷空间形态设计策略研究[D].合肥：安徽建筑大学,2021.）

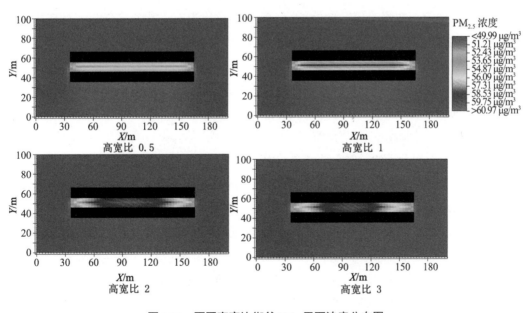

图4-31　不同高宽比街谷$PM_{2.5}$平面浓度分布图

（资料来源：孙圳.基于街道PM₂.₅分布的街谷空间形态设计策略研究[D].合肥：安徽建筑大学,2021.）

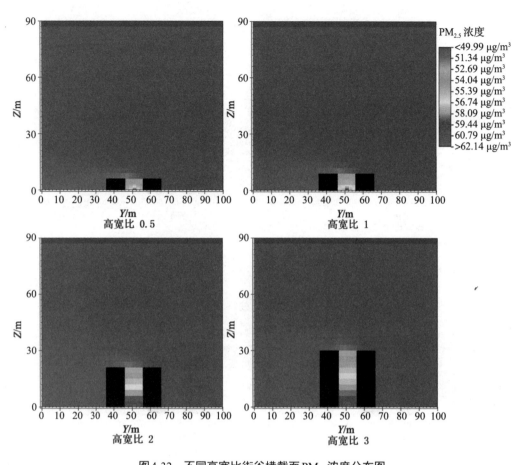

图4-32　不同高宽比街谷横截面PM$_{2.5}$浓度分布图

（资料来源：孙圳.基于街道PM$_{2.5}$分布的街谷空间形态设计策略研究[D].合肥：安徽建筑大学，2021.）

流速，能够加速街谷两侧的PM$_{2.5}$向外扩散。街谷高宽比为3时，街谷内部与街谷高宽比为2时呈现相似的流场特征，此时街谷流速大幅降低，街谷中部的流速几乎消失，平稳的空气不利于街谷内部的污染物扩散，因此街谷高宽比为3的街谷PM$_{2.5}$浓度高于高宽比为2的PM$_{2.5}$浓度。但此时街谷东、西两侧的背风侧建筑转角周边形成较大的向上的空气流速，能够加速街谷两侧的PM$_{2.5}$向外扩散，街谷东、西两侧区域PM$_{2.5}$浓度有所降低。

通过分析不同街谷高宽比对PM$_{2.5}$浓度分布的影响可知，街谷高宽比增大时街谷内部PM$_{2.5}$浓度呈现不断上升的趋势。当街谷高宽比为0.5时街谷内部PM$_{2.5}$浓度值最低；街谷高宽比为3时街谷PM$_{2.5}$浓度值最高，不利于街谷内部PM$_{2.5}$向外扩散。通过分析可知，街谷上侧形成的北向流速是影响PM$_{2.5}$浓度扩散的主要因素，当街谷高宽比越大，街谷上侧形成的北向流速越大，可能会阻碍街谷内部PM$_{2.5}$浓度向外扩散，使街谷内部PM$_{2.5}$浓度升高。

③不同长宽比对街谷PM$_{2.5}$分布的影响

本次模拟简化街谷建筑模型，设置街谷两侧建筑高度一致，街谷高宽比（H/W）为1不变，设定街谷宽度为10 m，街谷两侧建筑高度为10 m，两侧建筑宽度设定为10 m，分别调整街谷模型长度以改变街谷长宽比，设定街谷长度分别为40 m、60 m、80 m和100 m，分别设定街谷长宽比为4、6、8、10,探讨不同街谷长宽比对PM$_{2.5}$浓度分布的影响。

图4-33为不同长宽比街谷横截面东、西向流速分布图,环境来流风向受到街谷的阻碍,在上风建筑东侧形成较强的东向流速,在街谷西侧形成较强的西向流速。当街谷长宽比为4时,街谷内部为微弱的西向流速,街谷迎风侧为东向流速,背风侧为微弱的西向流速,随着街谷长宽比不断增加,街谷内部由西向流速变化为东向流速,且街谷内部的风速强度呈现逐渐上升的趋势,街谷南北两侧流速变化显著,随着街谷长宽比的增加,街谷北侧由东向流速变化为西向流速,南侧由西向流速变为较强的东向流速。

图4-34为不同长宽比街谷横截面南、北方向流速分布图,环境来流风向垂直于街谷轴线,街谷内部为微弱的北向流速,街谷东、西两侧为较强的北向流速,街谷上侧为较强的北向流速,街谷上侧存在显著的风向分层。随着街谷长宽比的不断增加,街谷中部南向流速变化不显著,街谷东、西两侧的北向流速呈现不断增强的趋势。

图4-35为不同长宽比街谷横截面上、下方向流速分布图,街谷北侧形成较强的向上流速,街谷南侧形成较强的向下流速,在街谷上侧形成一个较强的顺时针涡旋。街谷背风侧形成向下的流速,迎风侧建筑形成向上的流速,可以判断街谷内部形成较弱的逆时针涡旋。随着街谷长宽比的不断增加,街谷上侧的顺时针涡旋存在逐渐增强的趋势。当街谷

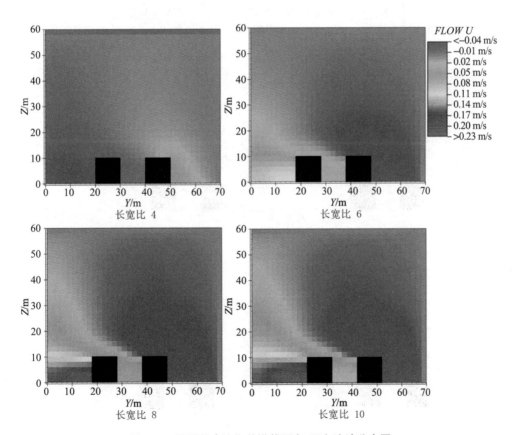

图4-33 不同长宽比街谷横截面东、西向流速分布图

(资料来源:孙圳.基于街道PM$_{2.5}$分布的街谷空间形态设计策略研究[D].合肥:安徽建筑大学,2021.)

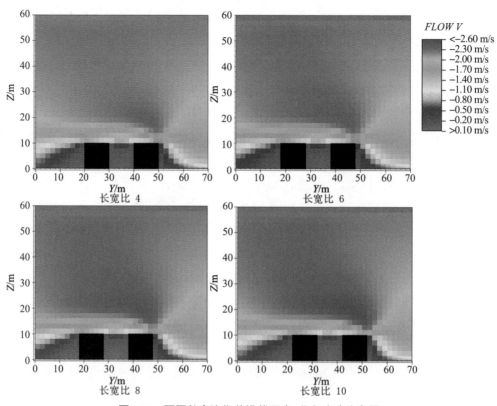

图4-34　不同长宽比街谷横截面南、北向流速分布图

（资料来源：孙圳.基于街道PM$_{2.5}$分布的街谷空间形态设计策略研究［D］.合肥：安徽建筑大学，2021.）

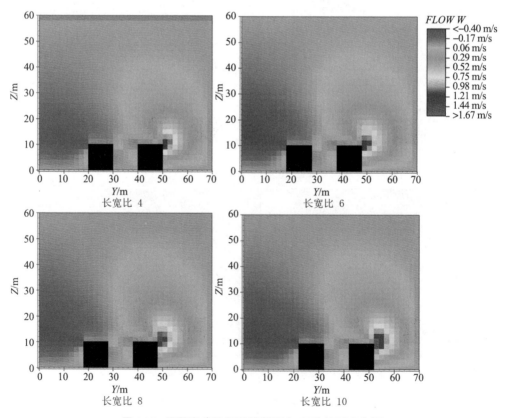

图4-35　不同长宽比街谷横截面上、下向流速分布图

（资料来源：孙圳.基于街道PM$_{2.5}$分布的街谷空间形态设计策略研究［D］.合肥：安徽建筑大学，2021.）

长宽比为4和6时,街谷东、西两端处形成逆时针涡旋,随着街谷长宽比不断增加,街谷内部涡旋强度逐渐变强,涡旋覆盖整个街谷内部。

图4-36和图4-37分别为不同长宽比街谷PM$_{2.5}$平面浓度分布图与不同长宽比街谷横截面PM$_{2.5}$浓度分布图,街谷内部空气流场是影响污染物扩散的重要影响因素。通过分析

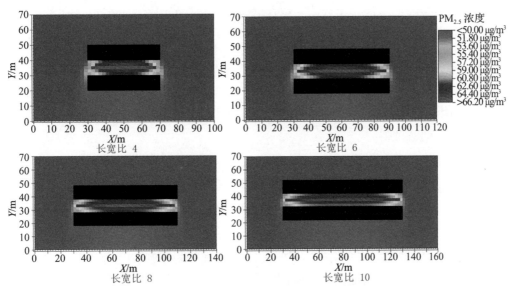

图4-36 不同长宽比街谷PM$_{2.5}$平面浓度分布图

(资料来源:孙圳.基于街道PM$_{2.5}$分布的街谷空间形态设计策略研究[D].合肥:安徽建筑大学,2021.)

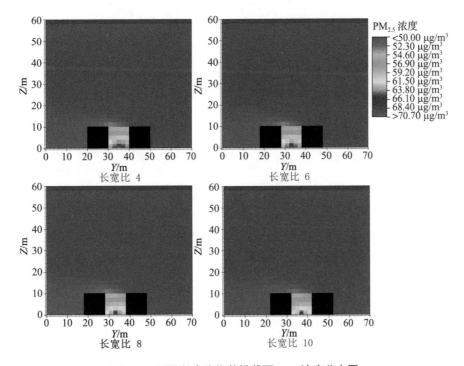

图4-37 不同长宽比街谷横截面PM$_{2.5}$浓度分布图

(资料来源:孙圳.基于街道PM$_{2.5}$分布的街谷空间形态设计策略研究[D].合肥:安徽建筑大学,2021.)

南、北流速可知,街谷内部为微弱的北向流速,东、西两端为较强的北向流速,内部流速与街谷两侧外围流速形成显著的分层,随着街谷长宽比不断增大,街谷东西两端的北向流速也不断增强,较强的风速会促进街谷内部PM$_{2.5}$向外扩散,能够缓解街谷内部污染情况。当街谷长宽比为8和10时,街谷内部流速增强,有利于街谷中心和两侧PM$_{2.5}$向外扩散,街谷内部PM$_{2.5}$浓度呈现不断降低的趋势。

通过分析不同街谷长宽比对PM$_{2.5}$浓度分布的影响可知,街谷长宽比增大时,街谷内部PM$_{2.5}$浓度呈现不断降低的趋势。当街谷长宽比为10时街谷内部PM$_{2.5}$浓度值最低,街谷长宽比为4时街谷PM$_{2.5}$浓度值最高,此长宽比不利于街谷内部PM$_{2.5}$向外扩散。通过分析可知,街谷上侧形成的顺时针涡旋是影响PM$_{2.5}$浓度扩散的主要因素,当街谷长宽比越大,街谷上侧形成的顺时针涡旋越强,较强的涡旋可能会促进街谷内部PM$_{2.5}$向外扩散,降低街谷内部PM$_{2.5}$浓度值。

④不同建筑高度比对街谷PM$_{2.5}$分布的影响

当来流风向垂直于街谷轴线时,街谷两侧建筑高度比对街谷湍流类型影响较大,本次模拟设置街谷模型的长度与宽度一致,分别改变街谷两侧建筑高度比,探讨不同两侧建筑高度比的街谷流场特征,分别设定街谷两侧建筑高度比为4:1、2:1、1:1、1:2、1:4。其中环境来流风向为北向时,街谷北侧为背风侧,街谷南侧为迎风侧。

图4-38为不同建筑高度比街谷横截面东、西方向流速分布图,模拟结果表明不同建筑高度比对街谷内部流场特征具有显著的影响,街谷两侧建筑高度比为1:1时,街谷内部为微弱的西向流速,当街谷北南两侧建筑高度比为1:2和1:4时,此时街谷迎风侧建筑高度高于背风侧建筑高度,背风侧建筑高度不足以对来流风向造成影响,因此街谷内部流速特征与建筑高度比为1:1时相似。当街谷北南两侧建筑高度比为2:1时,此时背风侧建筑高度高于迎风侧建筑高度,在街谷背风侧建筑形成东向流速;当背风侧与迎风侧建筑高度比为4:1时,街谷北侧形成较强的东向流速,街谷内部西向流速不断增强。

图4-39为不同建筑高度比街谷横截面南、北向流速分布图,受环境来流风向的影响,街谷内部有较弱的南向流速,街谷上侧为较强的北向流速,街谷内部流场与上侧的流场存在显著分层。当背风侧与迎风侧建筑高度比为1:1时,此时街谷内部形成南向流速,上侧形成较强的北向流速。但当背风侧建筑与迎风侧建筑高度比为1:2时,虽然下风建筑顶部正对着新鲜自由气流,但街谷迎风侧上侧形成较强的西向流速。当背风侧与迎风侧建筑高度比为1:4时,背风侧建筑高度远低于迎风侧建筑高度,较高风速的气流层冲击下风建筑的顶部,迎风侧上侧的西向流速不断增强。当背风侧与迎风侧建筑高度比为2:1时,自背风侧建筑的顶部有气流进入街谷,街谷内部南向流速呈现逐渐增强的趋势,受背风侧建筑高度的影响,街谷上侧南北风向流速的分层逐渐上升,在迎风侧上侧形成较强的北向流速。随着背风侧和迎风侧建筑高度比例不断扩大,街谷内部南向流速不断增强,迎风侧上侧北向流速呈现不断增强的趋势。

图4-40为不同建筑高度比街谷横截面上、下向流速分布图,当背风侧建筑与迎风侧

应对气候变化:城市空间形态优化方法研究 Yingdui Qihou Bianhua Chengshi Kongjian Xingtai Youhua Fangfa Yanjiu

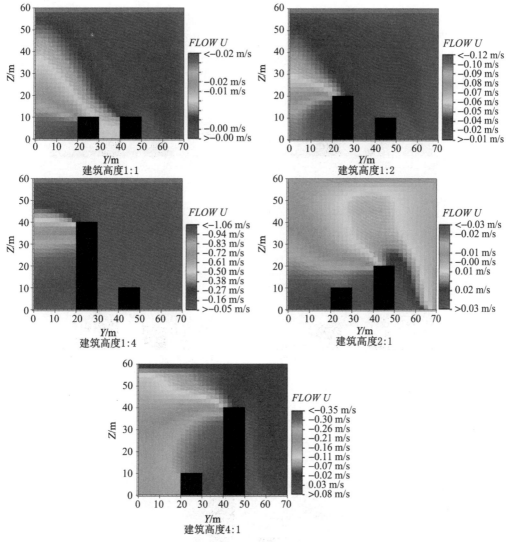

图 4-38 不同建筑高度比街谷横截面东、西向流速分布图

（资料来源：孙圳.基于街道PM_{2.5}分布的街谷空间形态设计策略研究[D].合肥：安徽建筑大学，2021.）

建筑高度比为1:1时，街谷内部形成较弱的向下流速，街谷背风侧建筑形成较弱的向上流速，随着迎风侧建筑高度不断增高，街谷内部向下流速不断增强，同时街谷上侧的向上流速不断增强。当背风侧建筑高度高于迎风侧建筑高度时，背风侧建筑内部为较弱的向下方向的流速，随着背风侧建筑高度不断升高，街谷内部向下的流速不断增强，同时在街谷背风侧向上的流速呈现不断增强的趋势，有利于街谷内部PM_{2.5}向外扩散。

图4-41、图4-42分别为不同建筑高度比街谷PM_{2.5}平面浓度分布图与不同建筑高度比街谷横截面PM_{2.5}浓度分布图，不同建筑高度比例对应的街谷内部PM_{2.5}浓度分布差异显著，当街谷两侧建筑高度比为1:1时，街谷内部形成较弱的南向和向下的流速，平稳的气流不利于街谷内部PM_{2.5}向外扩散，且街谷上侧较强北向流速会阻碍街谷内部PM_{2.5}向外扩散，此时街谷内部PM_{2.5}浓度最高。当迎风侧建筑高度与背风侧建筑高度比例为2:1时，

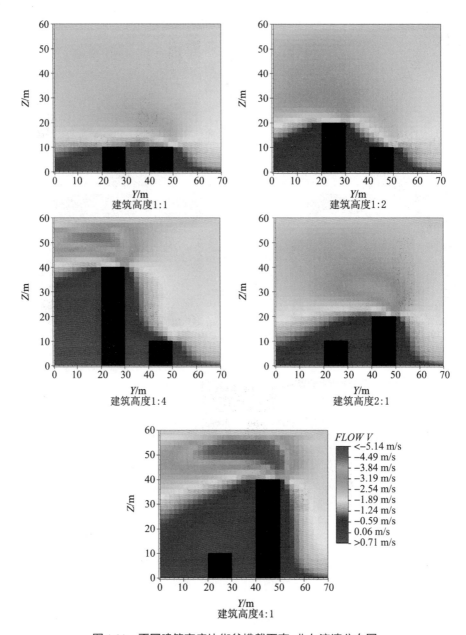

图4-39　不同建筑高度比街谷横截面南、北向流速分布图

（资料来源：孙圳.基于街道PM$_{2.5}$分布的街谷空间形态设计策略研究[D].合肥：安徽建筑大学,2021.）

街谷内部向下流速增大能够促进街谷PM$_{2.5}$向外扩散,此时街谷PM$_{2.5}$浓度逐渐降低。当迎风侧建筑高度与背风侧建筑高度比例为4:1时,街谷内部向下流速继续增大,街谷内部PM$_{2.5}$浓度出现降低趋势更加显著。通过对比背风侧建筑高度与迎风侧建筑高度比例对街谷的PM$_{2.5}$浓度的影响可知,背风侧建筑较高时更加有利于街谷内部PM$_{2.5}$向外扩散,当背风侧建筑与迎风侧建筑高度比例不断上升时,迎风侧建筑高度较低,街谷内部向下与向南的气流容易将街谷内部的PM$_{2.5}$扩散出去,街谷内部PM$_{2.5}$浓度降低更加明显。当背风侧建筑高度与迎风侧建筑高度比例为4:1时,街谷内部污染物向外扩散能力最强,街谷内部PM$_{2.5}$浓

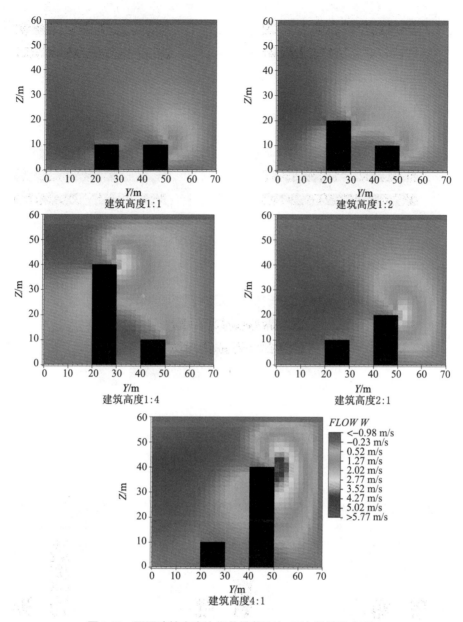

图4-40　不同建筑高度比街谷横截面上、下向流速分布图

（资料来源：孙圳.基于街道PM2.5分布的街谷空间形态设计策略研究[D].合肥：安徽建筑大学，2021.）

度最低。

　　通过分析不同建筑高度比对PM2.5浓度分布的影响可知，当建筑高度比例不断增大时，街谷内部PM2.5浓度呈现不断降低的趋势。当建筑高度比例为1：1时街谷内部PM2.5浓度值最高，建筑高度比例为4：1时街谷PM2.5浓度值最低，有利于街谷内部PM2.5浓度扩散。通过分析可知，当迎风侧建筑高度高于背风侧建筑高度时，街谷内部形成的向下流速是影响PM2.5浓度扩散的主要因素，当建筑高度比例越大时，街谷内部形成的向下流速越大，较大的向下流速可能会促进街谷内部PM2.5浓度向外扩散，降低街谷内部PM2.5浓度值。当迎风侧建筑高度低于背风侧建筑高度时，街谷内部南向流速是影响PM2.5向外扩散的主要因

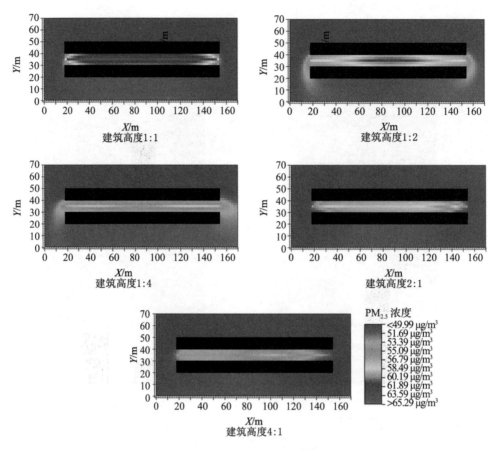

图4-41　不同建筑高度比街谷PM₂.₅平面浓度分布图

（资料来源：孙圳.基于街道PM₂.₅分布的街谷空间形态设计策略研究［D］.合肥：安徽建筑大学，2021.）

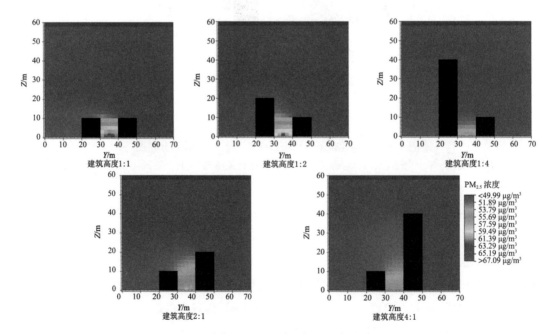

图4-42　不同建筑高度街谷横截面PM₂.₅浓度分布图

（资料来源：孙圳.基于街道PM₂.₅分布的街谷空间形态设计策略研究［D］.合肥：安徽建筑大学，2021.）

素,建筑高度比例越大,街谷内部南向流速越大且迎风侧建筑高度较低,有利于将街谷内部PM$_{2.5}$浓度扩散出去,降低街谷内部PM$_{2.5}$浓度值。

4.2.3 交通区

(1)研究区域与方法

①研究区域

研究区域位于合肥南二环道路(如图4-43所示),南二环是城市主干道,道路交通量高,道路断面为双向四车道,道路宽度约为40 m,道路中部有一条宽约3 m的绿带,道路东西两向各有15 m的车道,两侧有3 m的人行道。道路周边的植物群落丰富,栽种杨树、红叶石楠、冬青和梧桐。

实验点分布

图4-43 实验点所处位置

(资料来源:顾康康,钱兆,方云皓,等.基于ENVI-met的城市道路绿地植物配置对PM$_{2.5}$的影响研究[J].生态学报,2020,40(13):4340-4350.)

②统计分析方法

根据消解率的公式:$P=(C_s-C_m)/C_s$(P是消解率,C_s是对照点的平均浓度,C_m是实验点的平均浓度),计算颗粒物的消减率。

本研究将绿地长度、宽度、高度和消减率导入SPSS软件进行回归分析,利用Origin 2018绘图。为更加清晰地了解绿地对道路污染物消减的工作机制,使用ENVI-met建立理想模型,采用控制变量的方法对绿地的各要素进行建模模拟研究。模型的风环境模拟结果从ENVI-met的Atmosphere模块中导出。

③ENVI-met模拟参数

ENVI-met模型构建的模型、大气环境、污染源的参数如表4-10中所示,分别建立5个模型,其中b、c、d、e这4个模型分别代表着4种(绿地的长度、宽度、高度、叶面积指数(LAI))不同的要素,以及a模型作为对照用的常量(如表4-11所示),对模拟的结果进行对比研究。模拟计算时间为10 h。由于道路较宽(40 m)且为双向四车道,研究将污染源分别放置在两个车道上进行分析。

表4-10　ENVI-met模拟参数

类型	项目	参数
模型	网格数	60×80×30
	网格精度	1 m×1 m×2 m
	网格土壤定义	默认值
	地理坐标	N:31.86°
		E:117.28°
	模拟时间	4月12日8:00—18:00
大气环境	温度	最高点为30℃(14:00)
		最低点为14℃(8:00)
	相对湿度	最高点为70%(8:00)
		最低点为35%(14:00)
	风速	2.5 m/s
	风向	30
	粗糙度参数	0.01
污染源	颗粒物直径	2.5 μm
	污染物类型	线性
	污染物高度	0.3 m
	污染物释放速率	8.5 μs/(s·m)

（资料来源:顾康康,钱兆,方云皓,等.基于ENVI-met的城市道路绿地植物配置对$PM_{2.5}$的影响研究[J].生态学报,2020,40(13):4340-4350.）

表4-11　植物模型参数

模型	长度/m	宽度/m	高度/m	叶面积指数(LAI)
模型a	80	1	2	2.5
模型b	30	1	2	2.5
模型c	80	3	2	2.5
模型d	80	1	4	2.5
模型e	80	1	2	1

（资料来源:顾康康,钱兆,方云皓,等.基于ENVI-met的城市道路绿地植物配置对$PM_{2.5}$的影响研究[J].生态学报,2020,40(13):4340-4350.）

（2）ENVI-met模拟结果

选取模型坐标为X=5 m、Y=30 m、Z=1.4 m的点作为观测点,利用12:00的监测数据进行可视化分析,分别生成$PM_{2.5}$浓度剖面(如图4-44所示)和平面分布图(如图4-45所示)。绿地长度和叶面积指数的减少在近地空间表现出对$PM_{2.5}$浓度加大的影响,绿地高度的增加会促使$PM_{2.5}$在通过绿地时向更高的空中运动。

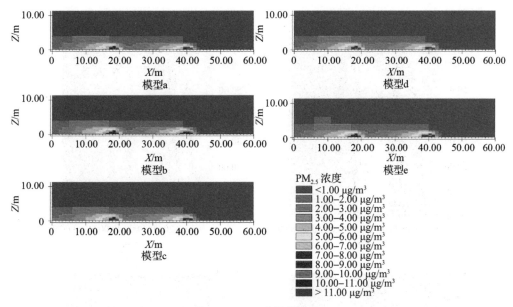

图4-44　PM$_{2.5}$剖面分布图

(资料来源:顾康康,钱兆,方云皓,等.基于ENVI-met的城市道路绿地植物配置对PM$_{2.5}$的影响
研究[J].生态学报,2020,40(13):4340-4350.)

如图4-45的PM$_{2.5}$浓度平面图所示,模型b、c、d、e的PM$_{2.5}$浓度与模型a的PM$_{2.5}$浓度相比变化了-2.89%、-0.55%、2.85%、3.14%。结果表明绿地长度的减少对PM$_{2.5}$消减作用起正面作用,高度增加对PM$_{2.5}$消减作用起负面作用,绿地宽度的增加对PM$_{2.5}$消减作用起正面作用,叶面积指数的减少对PM$_{2.5}$消减作用起负作用。与实验结果不同的是绿地高度在模拟分析中表现出了负面的作用。

虽然绿地后方的PM$_{2.5}$浓度降低,但在没有绿地直接暴露在道路环境中的空间的PM$_{2.5}$浓度较其他空间快速上升。提取a,b两个模型绿地后方的PM$_{2.5}$浓度数据后可知,PM$_{2.5}$浓度降低的空间是绿地后方宽度约为绿地长度80%的空间,同时PM$_{2.5}$浓度降低空间的宽度随着与绿地的距离的增加而递减,这个空间的跨度在距离绿地10 m处衰减为约为绿地长度的50%。结果表明,绿地长度的减少可以在绿地后方形成一个宽度约为绿地长度80%的PM$_{2.5}$浓度低谷区。图4-46显示了模型a、b的风环境模拟结果,绿地长度的降低带来绿地周边的风环境的改变,使得绿地周边的风速增加,导致颗粒物向没有阻碍且风速较高的空间运动。

(3)讨论

①不同绿地植物配置对PM$_{2.5}$消减作用的影响

ENVI-met模拟表明绿地对PM$_{2.5}$有着一定的消减作用,而绿地对PM$_{2.5}$消减作用的强弱与绿地中植物的配置丰富度有关,这与孙晓丹等的研究结果相一致,植被丰富度的增加和物种的改变导致多种因素的改变,如植物的郁闭度、疏透度以及植物微结构等。前人的研究已经表明绿地对大气颗粒物的消减作用同植物群落的郁闭度成正相关,同疏透度成负相关关系,同时也受到植物叶面微结构的影响,这些因素综合导致对PM$_{2.5}$的消减作用强弱的改变。

4
城市空间形态与城市气候变化的关联性分析

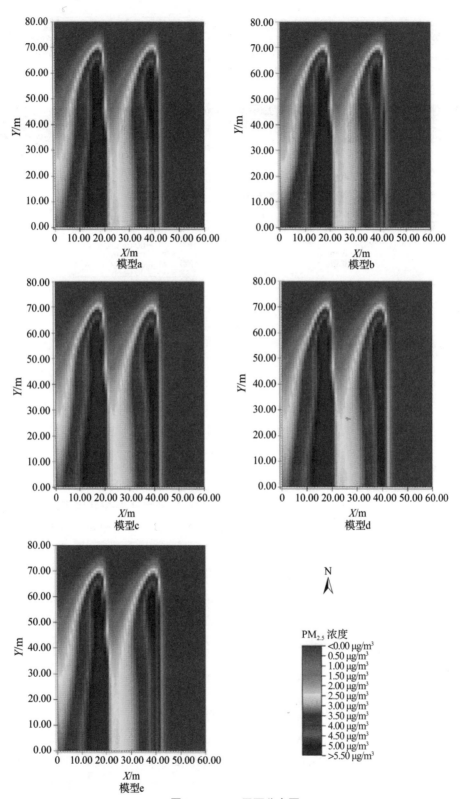

图 4-45 PM$_{2.5}$平面分布图

（资料来源：顾康康，钱兆，方云皓，等.基于ENVI-met的城市道路绿地植物配置对PM$_{2.5}$的影响

研究[J].生态学报，2020，40(13)：4340-4350.）

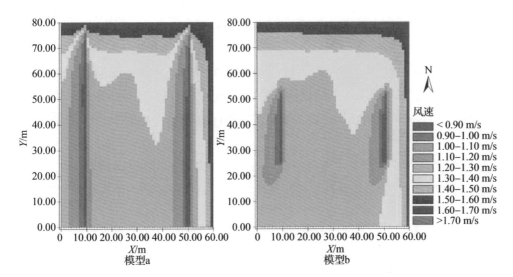

图4-46 模型a、b风环境模拟

(资料来源:顾康康,钱兆,方云皓,等.基于ENVI-met的城市道路绿地植物配置对PM_{2.5}的影响研究[J].生态学报,2020,40(13):4340-4350.)

②绿地形态对PM_{2.5}的消减作用的影响

模拟实验表明绿地的长度的一定量的减少可以在绿地后方形成一个宽度约为绿地长度80%的、随着与绿地的距离的增加而宽度递减的较绿地长度更长、环境PM_{2.5}浓度更低的低谷区,但其他没有绿地的空间的PM_{2.5}浓度会加重。究其原因,较短的绿地影响道路的风环境,使没有绿地的空间的风速增加,导致PM_{2.5}向没有阻碍且风速较高的空间运动。前人的研究更多地着重于绿地长度达到一定的规模后可以有效地消减大气颗粒物,而有关长度的变化对大气颗粒物的分布等的影响的研究较少。

绿地宽度的增加将加强绿地对PM_{2.5}的消减作用,绿地宽度的增加加长了颗粒物在绿地的通过时间,延长绿地中的植物叶面对颗粒物的吸收和迟滞作用的时间和距离,这与蔺银鼎等的研究结论一致,证明了绿地宽度的增加能够有效加强对大气颗粒物的消减作用(蔺银鼎 等,2011)。

绿地高度变化的影响在场地观测和模拟实验中产生了矛盾。模拟实验中,绿地高度的增加,会迫使一部分颗粒物向更高的空间运动,在通过绿地之后由于动能的消耗而沉积,导致消减作用的减弱。但蔺银鼎等通过增减遮阳网的方式得出高度的增加能够加强绿地对颗粒物的消减作用,这与场地观测的结果相一致,说明在实际条件下绿地高度的增加能够加强对颗粒物的消减作用。

③绿地对PM_{2.5}的消减作用的不确定性

实验过程中绿地对PM_{2.5}的消减作用表现出了强烈的不确定性,三日中各实验点的消解率的大小表现出了剧烈的波动。这表明绿地植物对PM_{2.5}的消减作用不仅仅受到植物群落的因素影响,同时也受到其他方面因素的影响,Abhijith等、杨貌等的研究都已经表明绿地植物对PM_{2.5}的消减作用还受到风速、风向的影响(Abhijith et al.,2019;杨貌等,2016),这说明了绿地对$PM_{2.5}$的影响不是单一的、不变的简单过程,而是多方面共同作用的复杂过程。

4.2.4 蓝绿空间

城市绿地公园中的蓝绿空间对于城市微气候的影响有很多,不仅包括蓝绿空间对自身热环境、声环境、风环境和大气污染物等的影响,也包括对蓝绿空间周边微气候的影响。在过往的研究中,人们针对蓝绿空间本身及其周边环境进行了大量的研究,发现了许多影响蓝绿空间的因素。

在街区层面,笔者的研究主要集中在城市蓝绿空间对于周边热环境和大气污染物方面的影响,本节将对蓝绿空间的冷岛扩散作用和对大气颗粒物的消减作用两部分进行阐述。

(1) 研究方法

①冷岛扩散定义

蓝绿空间的冷岛扩散也定义为蓝绿空间内部温度低于周边环境温度,通过冷热交换等方式导致周边温度降低的现象。将蓝绿空间内部温度低于周边环境温度与其距内部温度低于周边环境温度范围线的距离绘制成地表温度曲线,如图4-47所示,随着缓冲区距离递增,缓冲区内温度升高显著,但升温趋势逐渐减缓,即公园对该缓冲区的降温效应逐渐减缓,到一定范围之后,地表温度的变化趋向平稳,此时公园的"冷岛"效应逐渐消失,而该曲线的拐点即公园对周边温度影响范围的界限,即冷岛的扩散范围。

本节研究主要针对其降温范围(L_{max})进行论述。针对冷岛扩散范围的研究方法主要有两种,如图4-47所示。一是:降温范围即地表温度曲线第一个转折点位置到水体边缘的距离,单位为m(杜红玉,2018);二是:选择三次多项式进行拟合以寻求公园最大影响范围(冯悦怡,2014)。

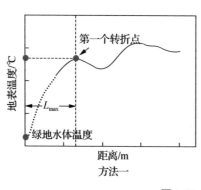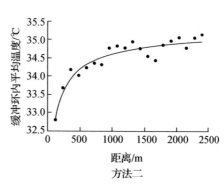

图4-47 研究方法示意图

[资料来源:作者根据杜红玉(2018)(方法一)和冯悦怡 等(2014)(方法二)研究结果改绘]

为更准确地研究与分析城市蓝绿空间冷岛扩散的扩散范围,本研究将二者结合,来确定研究对象的扩散范围。

②具体研究方法

研究利用ArcGIS中的多环缓冲区功能按照50 m为间隔绘制0~2 000 m的缓冲区,将该缓冲区与地表温度数据相叠加分析,得出0~2 000 m内40个缓冲区内的平均温度,并将其提取出来绘制成温度曲线。之后,研究利用SPSS 22软件的三次多项式拟合功能绘制拟合曲线,计算其拟合方程,并利用GeoGebra软件计算其极值,最后通过人工目译的方法进行排除和选择。

研究的统计分析过程则在SPSS 22软件中完成。多元回归分析用来定量研究水体冷岛效应与各影响因子间的定量关系。

（2）城市蓝绿空间冷岛扩散特征

①取样点特征

由于研究采用Landsat8数据作为研究的数据来源,其传感器的空间分辨率为30 m,同时考虑到研究过程中的误差影响,研究选取大于1 ha的蓝绿空间作为研究对象。研究选取研究区范围内的24处蓝绿空间作为取样点,取样点按照不同类型划分为三类(仅水域,仅绿地,绿地+水域),按形态划分为两类(面状,带状),24处取样点及其特征如图4-48和表4-12所示:

表4-12　取样点特征

编号	类型	形态	面积/ha	LSI
1	绿地+水域	面状	367.98	5.64
2	仅水域	带状	19.12	3.07
3	仅水域	带状	132.56	9.97
4	仅绿地	带状	354.88	7.23
5	绿地+水域	带状	153.18	9.15
6	绿地+水域	面状	170.92	3.07
7	仅绿地	带状	70.57	2.68
8	仅水域	面状	349.01	6.48
9	仅绿地	带状	201.91	5.47
10	仅水域	带状	81.11	7.69
11	仅水域	带状	21.57	1.92
12	仅水域	面状	19.82	2.42
13	绿地+水域	面状	89.69	7.24
14	绿地+水域	带状	128.56	6.55
15	绿地+水域	面状	995.26	10.22
16	仅水域	带状	27.1	3.61
17	仅水域	面状	54.94	1.87
18	绿地+水域	带状	151.46	11.46
19	绿地+水域	面状	2202.08	10.51
20	绿地+水域	面状	1220	7.00
21	绿地+水域	带状	95.71	6.76

编号	类型	形态	面积/ha	LSI
22	绿地+水域	面状	258.64	10.00
23	仅水域	面状	46.8	4.86
24	仅水域	带状	25.87	3.63

LSI为斑块形态指数

（资料来源：钱兆.合肥市主城区蓝绿空间冷岛效应及空间优化研究[D].合肥：安徽建筑大学，2021.）

图4-48　取样点空间位置

（资料来源：钱兆.合肥市主城区蓝绿空间冷岛效应及空间优化研究[D].合肥：安徽建筑大学，2021.）

②城市蓝绿空间冷岛空间扩散特征

利用上述方法绘制出研究区内24处取样点的温度变化散点，然后利用SPSS 22软件计算并绘制三次多项式拟合方程，并计算出极值，将其作为取样点的冷岛扩散范围，对于明显不合理的数据利用前文方法一计算其扩散范围，研究区的取样点的温度散点如图4-49和图4-50所示。可以看出，各蓝绿空间均表现出随距蓝绿空间距离变远而出现温度升高这一趋势，但当距离达到一定值后，地表温度随距离增加的变化趋于平缓，这一现象说明蓝绿空间的冷岛效应具有一定的影响范围，这个范围即冷岛扩散的范围。

如图4-49、图4-50和表4-13所示，研究区内24处取样点的冷岛扩散范围为100~1 305.1 m，平均扩散范围为666.58 m。其中按类型来划分，仅水域的平均扩散范围为675.6 m，仅绿地的平均扩散范围为641 m，绿地+水体的平均扩散范围为690.5 m。按形态来划分带状平均扩散范围为673.9 m，面状平均扩散范围为677.6 m。

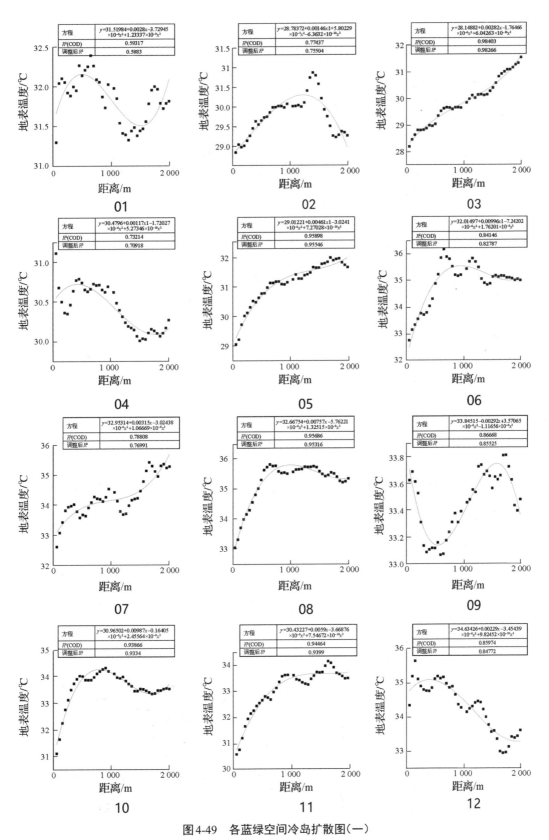

图4-49　各蓝绿空间冷岛扩散图（一）

（资料来源：钱兆.合肥市主城区蓝绿空间冷岛效应及空间优化研究[D].合肥：安徽建筑大学，2021.）

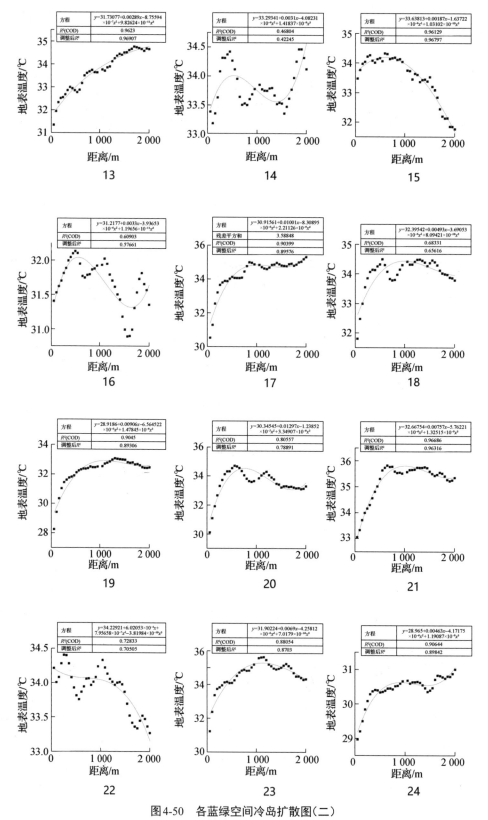

图4-50　各蓝绿空间冷岛扩散图(二)

（资料来源：钱兆.合肥市主城区蓝绿空间冷岛效应及空间优化研究[D].合肥：安徽建筑大学,2021.）

（3）冷岛扩散的影响指标分析

研究表明蓝绿空间对周边起着冷岛的空间扩散作用，计算出24处取样点的冷岛扩散范围，本节以上述研究为基础，来探究影响冷岛扩散的各指标。研究将指标分为蓝绿空间内部指标和蓝绿空间外部指标两大类，本节将对这两大类指标和其中各种小类的指标进行分析和研究。

①蓝绿空间内部指标影响

为研究冷岛扩散范围与蓝绿空间内部指标的关系，计算取样点内的蓝绿空间内部各指标数据和冷岛扩散范围，并利用SPSS 22进行线性拟合，结果如图4-51所示：

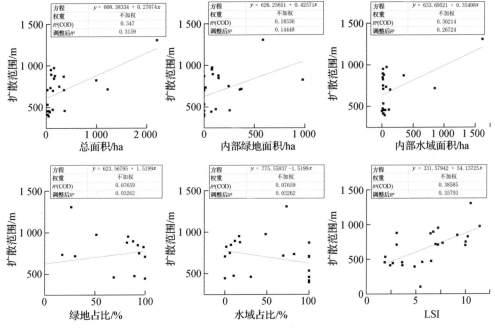

图4-51　冷岛扩散与蓝绿空间内部指标的拟合关系

（资料来源：钱兆.合肥市主城区蓝绿空间冷岛效应及空间优化研究[D].合肥：安徽建筑大学，2021.）

通过线性拟合结果可知，冷岛扩散范围与蓝绿空间内部指标中的总面积、内部绿地面积、内部水域面积和LSI之间存在较好的一元线性拟合关系，同时蓝绿空间内部指标中总面积、内部绿地面积、内部水域面积和LSI指标与冷岛扩散范围的拟合结果均通过0.05显著性水平检测，这就说明这四类指标可以较好地解释冷岛扩散范围的变化。

表4-13　各蓝绿空间冷岛扩散范围表

编号	1	2	3	4	5	6	7	8
扩散范围/m	459.9	709	700	707.8	846.39	877.6	444.3	869.8
编号	9	10	11	12	13	14	15	16
扩散范围/m	100	733.2	534.2	413.1	949.8	473.5	824.3	456.1
编号	17	18	19	20	21	22	23	24
扩散范围/m	456.2	973.3	1305.1	715.1	893.2	749.4	393.4	413.3

（资料来源：钱兆.合肥市主城区蓝绿空间冷岛效应及空间优化研究[D].合肥：安徽建筑大学，2021.）

其中拟合结果最好的是LSI(y=331.57942+54.13725x，R^2=0.38585)，这说明LSI的增长对冷岛扩散范围起到正作用，同时LSI在蓝绿空间内部指标中，对冷岛扩散范围的影响最大，其面积越大，冷岛扩散范围越广；同时冷岛扩散范围与总面积(y=608.38334+0.27074x)、内部绿地面积(y=626.25651+0.42571x)、内部水域面积(y=633.69521+0.35408x)、绿地占比(y=623.56795+1.5199x)指标均呈正相关，与水域占比(y=775.55837-1.5199x)负相关；即总面积、内部绿地面积、内部水域面积、绿地占比其值越高，冷岛扩散范围越高，水域占比越高，冷岛扩散范围越低。

②蓝绿空间外部指标影响

为研究冷岛扩散范围与蓝绿空间外部指标的关系，将取样点内的蓝绿空间外部各指标数据和冷岛扩散范围利用SPSS 22进行线性拟合，结果如图4-52所示。

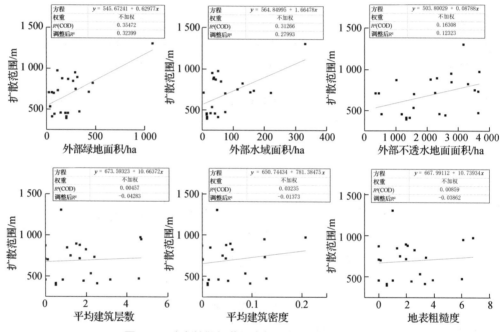

图4-52　冷岛扩散与蓝绿空间外部指标的拟合关系

（资料来源：钱兆.合肥市主城区蓝绿空间冷岛效应及空间优化研究[D].合肥：安徽建筑大学，2021.）

通过线性拟合结果可知，冷岛扩散范围与蓝绿空间外部指标中的外部绿地面积、外部水域面积和外部不透水地面面积之间存在较好的一元线性拟合关系，同时蓝绿空间外部指标中外部绿地面积、外部水域面积和外部不透水地面面积与冷岛扩散范围的拟合结果均通过0.05显著性水平检测，说明这三类指标可以较好地解释冷岛扩散范围的变化。

其中拟合结果最好的是外部绿地面积(y=545.67241+0.62977x，R^2=0.35472)，这说明外部绿地面积的增长对冷岛扩散范围起到正作用，同时外部绿地面积在蓝绿空间外部指标中，对冷岛扩散范围的影响最大，其面积越大，冷岛扩散范围越广；冷岛扩散范围与外部水域面积(y=564.84995+1.66478x)、外部不透水地面面积(y=503.80029+0.08788x)指标均呈正相关，即外部水域面积和外部不透水地面面积其值越高，冷岛扩散范围越高。而平均建筑层数、平均建筑密度和地表粗糙度三类指标拟合程度过低,不进行讨论。

(4)指标综合作用分析

蓝绿空间内部指标和蓝绿空间外部指标中的各指标对冷岛扩散范围的影响各不相同,有正面的也有负面的,为更加清晰地认知各要素的影响,以及量化其影响指数,本节研究将通过选取核心指标并进行多元线性回归分析以达到量化分析的目的。

①核心指标选取

通过上述分析可知,各指标对冷岛强度的影响各不相同,其拟合程度也是有高有低。本研究为更加简明地描述各指标对冷岛强度的影响机制,同时也为指导实践增加可行性,将原指标进行筛选,提取出核心影响因子。通过上述单因子分析可以将核心指标提取出来,核心指标如表4-14所示。

表4-14　核心指标选取结果

指标类型	指标名称
蓝绿空间内部指标	总面积
	内部绿地面积
	内部水域面积
	LSI
蓝绿空间外部指标	外部绿地面积
	外部水域面积
	外部不透水地面面积

(资料来源:钱兆.合肥市主城区蓝绿空间冷岛效应及空间优化研究[D].合肥:安徽建筑大学,2021.)

②多元回归分析

为获得更精确的冷岛强度与核心指标间的关系模型,将核心指标与冷岛扩散范围进行多元回归分析,得出不同核心指标对冷岛扩散范围影响的贡献值,预测模型如下:

$$UCD=k_0+k_1ZMJ+k_2LD+k_3SY+k_4LSI+k_5WBSY+k_6WBLD+k_7WBBTS$$

其中 UCD 为冷岛扩散, ZMJ 为总面积, LD 为内部绿地面积, SY 为内部水域面积, LSI 为斑块形态指数, $WBSY$ 为外部水域面积, $WBLD$ 为外部绿地面积, $WBBTS$ 为外部不透水地面面积。

在进行多元线性回归中 ZMJ 未通过共线性检测,因此将模型公式调整为以下所示:

$$UCD=k_0+k_1LD+k_2SY+k_3LSI+k_4WBSY+k_5WBLD+k_6WBBTS$$

表4-15　核心指标与冷岛扩散范围多元回归结果

模型	非标准化系数		标准化系数	T	R^2
	B	标准错误			0.756
k_0	391.760	121.212		3.232	
LD	0.008	0.284	0.007	0.027	
SY	0.321	0.304	0.443	1.056	

模型	非标准化系数		标准化系数	T	R^2
	B	标准错误			
LSI	60.188	19.238	0.689	3.129	
WBBTS	−0.045	0.066	−0.197	−0.692	
WBLD	0.143	0.470	0.117	0.303	
WBSY	−1.055	1.546	−0.294	−0.682	

（资料来源：钱兆.合肥市主城区蓝绿空间冷岛效应及空间优化研究[D].合肥：安徽建筑大学，2021.）

由表4-15可知，模型拟合度 R^2=0.756，属于拟合程度较高的结果，具有较高的可信度。构建核心指标与冷岛扩散范围的模型表达式如下所示：

$$UCD=3.232+0.007LD+0.443SY+0.689LSI-0.294WBSY+0.117WBLD-0.197WBBTS$$

③作用机制分析

在蓝绿空间组成类型中，各类型扩散范围中绿地+水体（690.5 m）＞仅水域（675.6 m）＞仅绿地（641 m），说明水体的冷岛扩散能力强于绿地，但绿地+水体的扩散能力强于水体，也就说明了蓝绿空间的混合加强了其冷岛扩散能力。

在蓝绿空间形态中，面状（677.6 m）略强于带状（673.9 m），两者差距很小，这说明单纯的面状和带状对冷岛扩散的影响是较低的；LSI对冷岛扩散呈正相关，这说明空间形态的复杂性的提升可以加强冷岛扩散。但随着LSI的增加，冷岛扩散范围的增加程度有着逐步降低的趋势，当LSI达到7之后冷岛扩散范围的增加幅度已经趋于平缓。

在蓝绿空间规模上，蓝绿空间规模的增加可以加强冷岛扩散，同时绿地和水域规模的增加同样可以加强冷岛扩散，但都有着随着规模增加冷岛扩散范围的增加程度有着逐步降低的趋势，其中总规模在约150~200 ha之后冷岛扩散范围的增加幅度已经趋于平缓，绿地和水域规模同样在约150~200 ha之后冷岛扩散范围的增加幅度已经趋于平缓。

在外部环境中，不透水地面和水域对冷岛扩散起着减弱的作用，其中不透水地面导致地表气温相对较高，增加了冷岛扩散难度，导致扩散范围的减少；而外部水域则是降低了其自身周边的温度，使得冷岛扩散的转折点的温度降低，减少了总降温幅度，导致扩散范围的减少。绿地面积对冷岛扩散起着增强的作用，其在50~100 ha处达到峰值。

取样点19为董铺水库，其规模大小、形态复杂程度和外部绿地面积等远高于其他取样点，同时其外部的不透水地面等负面指标较弱，导致其扩散范围高于其他的取样点，可以说是多指标共同作用的结果。

4.3 本章小结

本章就城市空间形态与城市气候变化的关联性进行了论证研究，章节首先构建了城市空间形态指标体系，然后就宏观和微观两个层面的指标的关联性进行分析研究。宏观层面探究了蓝绿空间冷岛强度与城市功能、城市建筑、城市地表覆盖各指标之间的关系，并分析了城市宏观形态对城市冷岛效应的作用机制。街区尺度的研究分为居住区、商业区、绿地和蓝绿空间四个层面：居住区层面探究大气颗粒物与绿地率、容积率及交通区的关系，并利用ENVI-met进行模拟分析研究，然后探讨了居住区的微气候包括温度、湿度、风速等；商业区层面通过实地测量与数值模拟的方法来验证商业街道形态与街区微气候和颗粒物之间的关系；绿地层面利用ENVI-met就不同绿地植物配置、绿地形态等对城市道路大气颗粒物的作用进行分析，并讨论了其不确定性；蓝绿空间层面探讨了蓝绿空间冷岛扩散与内部指标和外部指标的关系，并分析了其作用机制。

城市空间形态优化策略

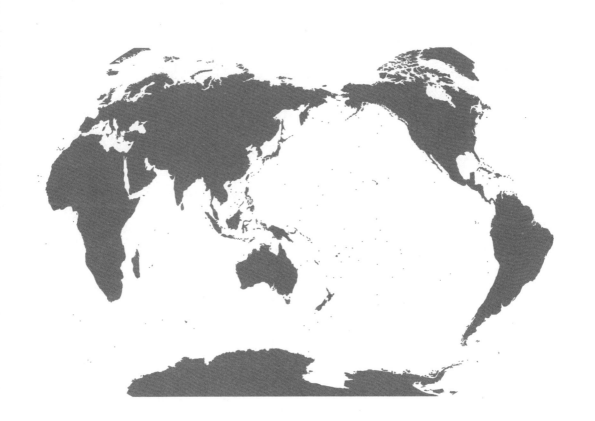

5.1 管控原则与目标

城市空间形态优化应遵循以下基本原则:首先,保护城市特色,满足城市功能需求,完善功能区划,明确目标侧重点,提高生活功能区环境质量,保护好城市的自然与人文景观。其次,全面规划、突出重点,抓住主要环境问题,突出重点环节和重点污染源,实行全过程分析与控制。扬长避短,合理优化,发挥地区优势,充分利用综合与系统的分析技术,合理安排有限的资金,使之产生最佳的环境效益。再次,强化城市环境管理,运用法律的、行政的、经济的手段,使规划能充分体现具有中国特色的城市环境管理、思想制度和措施,坚持实事求是、量力而行,在资金与技术水平约束下坚持循序渐进、持续发展方针。最后,加强城市蓝绿空间建设,优化城市生态网络,针对重点、普通区域,分阶段建设城市的蓝绿空间。

城市空间形态优化的目标在于减少污染,减缓城市病,遏制城市空间无序扩张,优化城市土地利用效率,防止资源破坏,正确处理和调控人和城市环境之间的相互关系。从而在不断改造城市环境的同时,保护和改善人工和自然环境的质量以满足人们日益增长的物质和文化生活的需要。

5.2 情景方案模拟

5.2.1 方案设置

通过不同情景方案的通风廊道模拟,对相应情景下的城市形态进行优化。首先依据NDVI指标(统一化植被指标)、M-NDWI指标(统一化水指标)以及城市通风阻力指标排列组合形成不同通风潜力评价体系(仅考虑通风阻力、通风阻力结合绿地、通风阻力结合水体以及通风阻力结合绿地+水体),同时依托最低成本路径LCP模型构建多情景城市通风廊道。值得注意的是,在年主导风向(即全年风频占比最大的风向)下构建通风廊道,能够保证全年较多天数下通风廊道顺应主导风向,以最大化发挥其环境效益。其次是提供城市及街区尺度通风廊道的合理性验证方法。在城市尺度,利用地表温度反演的方法,通过比较四种情景整体路径下的地表温度差异对通风廊道的合理性予以验证。

城市地表通风潜力评价的确定是构建地表通风廊道的关键,不同的评价体系决定不同廊道的构建方式,在此基础上对不同类型的评价体系进行构建。

在城市地表通风潜力评价的构建中,从指标对城市风环境影响的属性出发,具体来说,天空开阔度指标(SVF)以及地表粗糙度指标(Z0)能够对风速大小起决定性作用,ND-VI指标、M-NDWI指标不仅对城市风的风速大小产生影响,与城市风的温度也具有一定关联,根据相关文献的论述,在相同下垫面粗糙程度以及开敞空间大小的情况下,经过绿地或者水体表面的城市风往往产生更高的降温效益。本研究在统计结果及已有研究的基础上,利用四种指标构建不同的评价体系来研判地表的通风潜力。由于天空开阔度与地表粗糙度能够对城市风速起决定性作用,影响风速的大小,因此本研究在考虑城市地表下垫面粗糙程度以及开敞空间的大小基础上叠合绿地、水体的降温效能。

在综合评判不同评价体系之前,采取 ArcGIS 软件的重分类工具,对SVF指标、Z0指标、NDVI指标、M-NDWI指标四种变量采取归一化无量纲处理,并采取自然断裂法重新赋值1~10。根据指标属性对于城市风环境的影响,其中Z0值越高,成本赋值越高,而SVF值、NDVI值与M-NDWI值越高,成本赋值越低。以SVF、Z0为参照组,设定通风潜力系数VCP=SVF/Z0,其指标含义代表以建筑形态指标构建的一种通风潜力评价体系,其值越高,代表该区域空气流动受到的阻力越小,其风量、风速越大。采用自然断裂法对VCP指标进行等级划分,得到高通风潜力、中通风潜力、低通风潜力三个等级,阈值设置区间为0~0.95,0.95~2.00,2.00~2.50,对其进行可视化效果呈现,如图5-1所示。

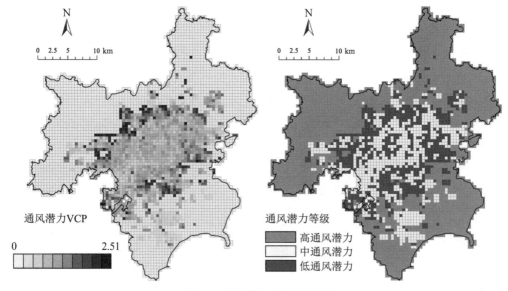

图5-1 通风潜力空间分布图

(资料来源:方云皓.基于气候适宜性的城市通风廊道构建与管控研究[D].合肥:安徽建筑大学,2021.)

在空间分布上合肥市主城区具备的通风潜力不明显,平均值为0.67,其中高通风潜力地区位于城市建成区外侧,分布在二环以外的城市郊区,包括绿地、水域等生态空间,占比62.40%,而中、低通风潜力地区位于城市建成区内侧,主要是以建筑为代表的城市空间,其分别占比20.80%和16.80%,低通风潜力地区在合肥各个行政区均有大量分布,且分布较为聚集。总体来说,主城区通风潜力呈聚集性的规律分布,亟须利用城市风道增强城市内部空气流动,改善局部城市气候。

在考虑到最优的风量与风速的前提下,需要保证城市风经过绿地和水体带来的降温、除霾效益,因此本研究在此基础上设置不同的情景进行对比,同时纳入NDVI指标与M-NDWI指标,综合权衡包括通风潜力(VCP)、通风潜力+绿地(VCP+NDVI)、通风潜力+水体(VCP+M-NDWI)、通风潜力+绿地+水体(VCP+NDVI+M-NDWI)共四种情景,在此基础上通过ArcGIS软件的空间叠加方法叠加不同的成本权重面来确定并建立评价体系。

本研究采取权重的设置处理如表5-1所示,考虑了城市的建成区覆盖与植被、水体覆盖范围均较广,规定VCP指标、NDVI指标与M-NDWI指标对区域的地表通风潜力评价体系的构建占相同作用,即三者具有相同的权重。其设置原因一方面是不同单项指标对于城市风环境都存在影响,表征其在城市风环境的影响中都具有重要性;另一方面是为了避免综合构建结果受主观权重值设置带来的不确定性干扰,导致部分指标权重值失衡影响综合评估。基于指标的权重情况,采取加法合成法进行通风潜力评价体系分析,其适用于指标信息内容不重复的情况,通过指标与相应权重的乘积之和的计算,在强调客观实际的同时更能反映评价对象的综合水平,其具体方法如下所示:

$$V_i = \sum_{j=1}^{n} x_{ij} w_{ij}$$

式中:V_i代表第i个评价对象的评价体系值,数值越高表明该评价对象各类因子的综合作用程度越高,通风潜力的阻力成本越高;n代表评估指标的数量,本研究取值$n=4$;x_{ij}代表第i个评价对象j指标的归一化值,其取值范围为[1,10],采取归一化处理以平衡数据量纲差距使不同数据能够在相同条件下统计;w_{ij}代表第i个评价对象j指标的权重。

根据权重的不同进行叠加分析分别产生VCP、VCP+NDVI、VCP+M-NDWI、VCP+ND-VI+M-NDWI四种权重成本面,得到四种合肥主城区评价体系,如图5-2所示。

表5-1 评价各成分特征值及其权重

研究成本	主成分	权重
参照组	天空开阔度 *SVF*	1.00
	地表粗糙度 *Z0*	1.00
实验组	通风潜力 *VCP=SVF/Z0*	1.00
	通风潜力+绿地 *VCP*	0.50
	NDVI	0.50
	通风潜力+水体 *VCP*	0.50
	M-NDWI	0.50
	通风潜力+绿地+水体 *VCP*	0.33
	NDVI	0.33
	M-NDWI	0.33

(资料来源:方云皓.基于气候适宜性的城市通风廊道构建与管控研究[D].合肥:安徽建筑大学,2021.)

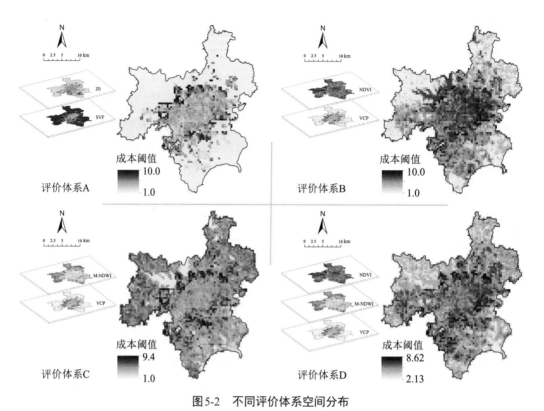

图5-2 不同评价体系空间分布

（资料来源：方云皓.基于气候适宜性的城市通风廊道构建与管控研究［D］.合肥：安徽建筑大学，2021.）

5.2.2 情景模拟

通过构建通风廊道对四种情景方案进行模拟与验证。城市通风廊道的挖掘对于改善城市气候、提高城市的"健康性"具有重要意义，其本质是在避免对城市建成区"大拆大建"的基础上，对城市空气流动进行引导以促进建成区环境的空气循环。通过对地表通风潜力的不同评价体系的构建，确定了不同情景下气体流动的阻力面，在此基础上挖掘的通风廊道能够产生最优的效能，即在保证最大的风量的基础上，也能产生降温、除霾等综合效益。

根据城市通风廊道的构建理论，在确定主导风向以东北偏东（ENE）风向为主的前提下，首先需要设置城市风的入口及出口，并将其分别视为源点和终点，其设置应保证数量足够且分布较均匀，其次根据不同的阻力面在源点与终点之间构建城市的通风廊道。综上，本研究利用ArcGIS软件选择分别在合肥市主城区的东北侧以及西南侧布置风廊的起点和终点，考虑到最优的成本的前提下对城市风的引导尽可能覆盖整个合肥市主城区，设置7个进风口（源点）以及12个出风口（终点），且每个源点在主导风向的偏差情形下对应4个临近终点，同时根据4种栅格评价体系建立相应阻力面，结合源点、终点和栅格阻力面，利用最小成本路径（LCP）的方法计算其对应的栅格图，即城市潜在通风廊道的构建，其方法的引入适用于范围较大的尺度计算，既符合风廊的构建原理，也能够根据评价体系中的阻力值，确定源点与终点之间最具有通风效能的路径，此外其产生栅格图的量化结果也能够进行风廊之间的比较，其具体方法如下所示：

$$LCP = f_{\min} \sum_{j=n}^{i=m} (D_{ij} R_i)$$

式中,LCP为最小累计阻力值;D_{ij}为第j个像元中第i个阻力因子的权重系数;R_i为第i个因子的运动阻力值;n,m分别为源与成本指标类型的数目。

如图5-3所示,利用最小成本路径(LCP)方法分别构建以VCP、VCP+NDVI、VCP+M-NDWI、VCP+NDVI+M-NDWI为评价体系产生的4种情景下的通风廊道,其每个进风口均对应4个出风口,经统计每个情景共产生28条廊道。

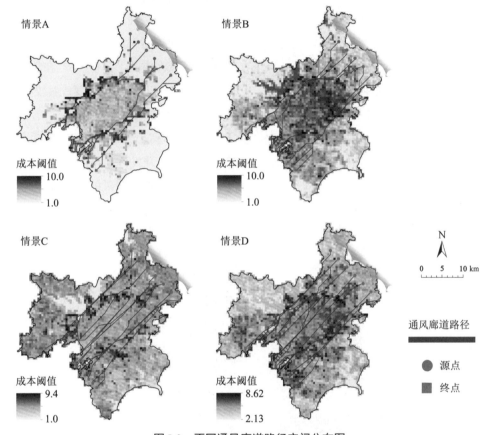

图5-3 不同通风廊道路径空间分布图

(资料来源:方云皓.基于气候适宜性的城市通风廊道构建与管控研究[D].合肥:安徽建筑大学,2021.)

在4种不同的情景中,廊道的总体流向大致相同,在途中基本没有受到阻碍,新鲜空气都能够从入风口经过廊道路径流向出风口,但不同风廊在局部空间上形成的地表路径的分布和类型有差异。在空间分布上,情景A至情景D的廊道分布逐渐分散,其中情景A的通风廊道在途经过程中出现了最多数量的重叠,而情景D的通风廊道则在空间分布上呈现分散的趋势。总体分布上不同廊道的路径均出现较大差异。在路径类型上,对照合肥市主城区地表的实际用地类型,情景A的通风廊道主要经过城市主、次干道以及城市广场等水泥、沥青路面,同时也经过植被土地等城市下垫面相对较空旷的区域;情景B的通风廊道流经的区域大部分为防护林地、城市公园等城市绿地,少部分经过城市道路、低矮

5 城市空间形态优化策略

109

建筑群等非透水性表面;情景C的通风廊道的流经区域以河流、湖泊以及水库等城市水域为主,其余流向城市市区中开发强度较低的区域;情景D的通风廊道则主要汇合于水体、绿地等城市自然环境,同时少部分也经过城市低矮建筑等人工环境。

综上,东北偏东(ENE)风向通风路径贯穿于城市内部,有利于打通城市内部空气流动,助力改善城市片区通风效果。城市通风效能验证是对已构建的通风廊道在效能上进行的综合评估,通过效能的比较,可以对构建通风廊道的评价体系进行研判,也可以对不同情景下的通风廊道进行筛选。本研究着重于通风的降温除霾效益,相关研究表明城市地表温度是影响城市通风效能重要的因素,当地表温度较低时,往往能够产生更高的通风效率,反之亦然,因此可以基于通风廊道路径上地表温度的数值来对其效能进行验证。

如图5-4所示,从地表温度的分析结果来看,不同的区域在空间上存在差异,在总体分布上,呈现"双峰多谷"的规律,冷热差异较显著。主城区周边的山体以及水体温度普遍较低,普遍低于18.34℃,其中主城区中西北部的董铺水库、大房郢水库温度最低,达到12.62℃,是城市中的多谷区。同时主城区内部各个片区温度普遍较高,总体高于31.78℃,其中热度高峰区呈斑块状分布,主要包括北部的庐阳区以及西南部的经济技术开发区。总体而言,合肥市主城区的地表温度空间分布为"外冷内热"的结构,呈现由内到外逐渐降低的圈层分异规律。

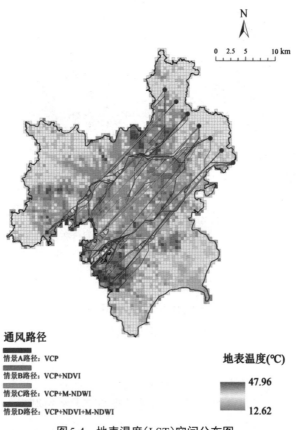

图5-4　地表温度(LST)空间分布图

(资料来源:方云皓.基于气候适宜性的城市通风廊道构建与管控研究[D].合肥:安徽建筑大学,2021.)

本研究为了对不同通风路径的效能进行评估,将四种情景方案下的通风路径与地表温度(LST)进行耦合分析,通过对每种情景下每条通风廊道途经区域的地表温度平均值进行统计,来对其通风效能进行评判,地表温度越低,代表此廊道具备更优的通风效能,其统计结果如表5-2和图5-5所示。

表5-2 四种情景下通风廊道路径的地表温度统计

源点 (进风口)		研究成本			
		情景A VCP	情景B VCP+NDVI	情景C VCP+M-NDWI	情景D VCP+NDVI+M-NDWI
地表温 度/℃	1	34.49	34.45	33.95	33.57
	2	34.49	34.58	34.72	33.97
	3	34.75	34.91	34.53	34.16
	4	34.98	34.70	34.36	34.14
	5	35.26	34.70	34.61	34.52
	6	34.97	34.90	34.90	34.85
	7	35.48	35.20	35.10	34.94
	平均温度	34.92	34.78	34.60	34.31

(资料来源:方云皓.基于气候适宜性的城市通风廊道构建与管控研究[D].合肥:安徽建筑大学,2021.)

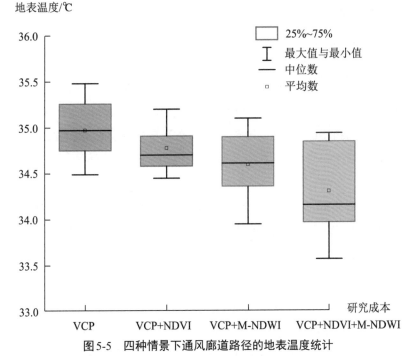

图5-5 四种情景下通风廊道路径的地表温度统计

(资料来源:方云皓.基于气候适宜性的城市通风廊道构建与管控研究[D].合肥:安徽建筑大学,2021.)

统计结果表明,四种情景下风廊路径的地表温度具有差异性,主要表征在两个方面:首先是源点(入风口)导致的空间异质性,即相同风向的城市风经过不同入风口带来的轨迹差异性。四种情景下的通风廊道均表征为经过源点1温度最低,而经过源点7温度最高,且在温度数值上呈现从源点1到源点7温度不断上升的趋势。其次为成本权重导致的空间异质性,即相同风向的城市风经过相同入风口,但由于权重成本的不同而带来的轨迹差异性,导致最终统计温度的不同。具体来说,在情景A中仅根据VCP成本构建且经过源点7的廊道温度最高,达到35.48℃,而廊道中的最低温度表征在情景D中根据VCP+NDVI+M-NDWI成本且经过源点1的廊道,达到33.57℃,最高温度与最低温度差值为1.91℃,而对各情景中7个源点产生的通风廊道上的平均地表温度分别进行统计,显示出情景A的地表温度值(34.92℃)>情景B的地表温度值(34.78℃)>情景C的地表温度值(34.59℃)>情景D的地表温度值(34.31℃)的结果。对比情景A和情景B、C,以VCP为成本的通风廊道温度最高,其原因是天空开阔度与地表粗糙度只能反应主城区地表的形态,而下垫面的具体类型被忽视。城市地表VCP数值低的地区往往通风潜力较高,温度较其他区域低,但在VCP数值较低的前提下,不同类型的城市地表构成的通风廊道带来的综合效益仍然具有差异,相同通风潜力区域的绿地和水体带来的降温效果要远大于城市的水泥路或硬地铺砖。

同样对比组中,对比情景B和情景C,以VCP+水体为成本的通风廊道温度大部分较高于以VCP+绿地为成本的廊道温度,其主要原因为二者的降温机制以及降温强度不同,以水体为基础构建的廊道通过蒸发散热来降低温度,对周边环境易形成显著的冷辐射效应,而绿地主要通过光合作用、蒸腾作用等手段降低周边环境温度,对周围气温的影响主要通过与周围的空气交换实现,当在低空(≤2 m)产生风体流动时,其热缓解能力要低于水体。

综合比较情景A、B、C、D四种方案,以VCP+绿地+水体为成本的廊道温度最低,主要原因是由于绿地与水体的组合能够在空间上弥补城市下垫面的降温区域,形成区别于城市硬质地面的蓝绿网络空间,合理的绿地和水体空间布局能够形成较强的冷岛效应,大幅地降低城市地表的温度,提高空气的流动幅度,相关研究表明水体和绿地的混合配置能倍数增加对热岛效应的缓解作用。

总体而言,在从源点1到源点7与各终点的轨迹当中,总体呈现出在情景D的方案下地表温度为同组最低,方案C、方案B次之,方案A最高的规律。因此在以最低成本路径(LCP)为模型构建通风廊道的过程中,综合考虑城市下垫面的空间形态以VCP、绿地以及水体为载体,能够产生最大的通风效能。

5.2.3　优化方案

城市空气污染对居民的身心健康具有直接的危害作用,本研究据此将合肥市空气污染较严重的区域设置为重点区域,从问题导向出发对城市通风廊道规划管控提出具体的优化方案。

合肥目前具备10个国控环境空气自动监测站,尽管数值的监测较为精确,但尚不能评估整个主城区的PM$_{2.5}$空间分布情况,而大范围的监测也费时费力,不符合实际。先前的研究表明,卫星遥感图像在城市尤其是建成区PM$_{2.5}$的空间分布研究中具有重要的潜力

（Yuanm et al.，2019），通过组合多种卫星产品，基于 aEOS-Chem 传输模拟，利用气溶胶光学深度数据（AOD）与气溶胶垂直剖面和散射特性的结合估算而得到数据集，其中 $R^2=0.81$，$slope=0.68$，具有较好的精度（van Donkelaar et al.，2016）。本研究的数据集从达尔豪斯大学大气成分分析组（Atmospheric Composition Analysis Group at Dalhousie University）处获取，其空间分辨率为 1 km×1 km 且能够反映年均分布情况，利用上述数据集对 2018 年的 PM2.5 数据进行检索，再结合 ArcGIS 软件中的空间插值法（Kriging）对数据进行校准和调整，得到了较高精度的合肥 PM2.5 的空间分布数据，其中 Kriging 方法如下所示：

$$\hat{A}_0=\sum_{i=1}^{n}\lambda_i A_i$$

式中 $\hat{A}_0$ 代表点 (x_0,y_0) 处的估计值，即 $A_0=A(x_0,y_0)$；A_i 代表第 i 位置处的测量值；n 代表测量数量；λ_i 代表第 i 位置处测量值的权重系数，其是满足点 (x_0,y_0) 处的估计值 $\hat{A}_0$ 与真实值 A_0 的差最小的一套最优系数。通过 ArcGIS 软件，同样在研究区域划分 500 m×500 m 的网格对 PM2.5 浓度数据进行计算，并通过空间插值（Kriging）统计出 PM2.5 浓度的空间分布。

如图 5-6 所示，从 PM2.5 浓度的分析结果来看，在合肥市主城区内，PM2.5 的浓度范围为 45.71~61.14 μg/m³。在总体分布上，不同的区域在空间上存在差异，呈现"多谷三峰"的规律，在局部地区，如东北部新站片区中心以及中部老城片区中心，PM2.5 浓度较高，最高浓度达 61.14 μg/m³；其次为西南部的经济技术开发区部分片区，而蜀山区、庐阳区、滨湖区以及包河区 PM2.5 浓度较低；而蜀山区、庐阳区、滨湖区以及包河区 PM2.5 浓度较低，普遍低于 50.54 μg/m³，是城市中的多谷区。总体来说，合肥市主城区 PM2.5 空间分布呈现"外清内浊"的结构，是由内到外的圈层分异结构，形成新站区—老城区—经济技术开发区的三级高峰带，向西北和东南两侧 PM2.5 逐渐降低。

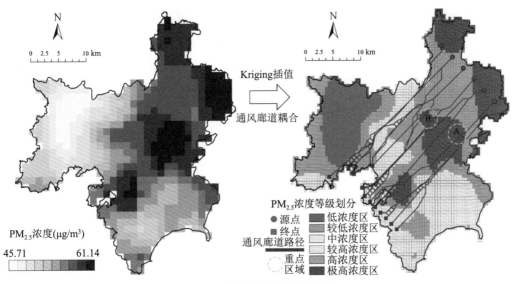

图 5-6　城市通风廊道优化方案

（资料来源：方云皓.基于气候适宜性的城市通风廊道构建与管控研究［D］.合肥：安徽建筑大学，2021.）

在 ArcGIS 中利用自然断裂法，对 $PM_{2.5}$ 浓度空间分布进行等级划分，得到由低到极高六个浓度区等级，阈值设置区间为 45.71~52.49 μg/m³、52.49~53.88 μg/m³、53.88~54.87 μg/m³、54.87~56.01 μg/m³、56.01~57.20 μg/m³、57.20~61.14 μg/m³。对应不同浓度等级区域，其土地类型也出现较大差异，通过百度街景的方式对不同区域进行研判，低浓度区与中浓度区中生态景观良好的绿地、水库、公园等较多，同时也伴随少量的住宅用地；较高浓度区与高浓度区中低矮陈旧建筑呈稀疏分布状，其周边生态环境也受到不同程度影响；而极高浓度区中则会出现部分区域老式建筑的聚集分布现象，人居环境需要改善。

本研究以总结出城市中空气污染严重区域为目的，将重点管控区域拟设置在极高浓度值的范围内，在此基础上结合最优效能情景下构建的城市通风廊道，即情景 D 中以 VCP+绿地+水体为成本的风道，通过重点区域与城市风道在微尺度中的耦合，选出风道路径数量高值区，同时也表征空气污染严重区。根据耦合方法进行具体管控区域的明确，结果显示两个区域符合此特征，分别分布在瑶海区中部（区域 A）以及老城区（区域 B），重点管控区域的划定为城市风环境在空间指标预警及设计中提供具体的地理区位。

5.3　优化策略

5.3.1　加强大气污染防治与高温预警力度

面对城市中的大气污染与高温现象，合肥试图采取提高绿化率、建设公园城市等生态治理行动来应对，且取得了一定的成效。但气候环境问题形势复杂，仍然需要加强防治与预警力度。首先，要严格执行《中华人民共和国环境保护法》，树立"绿水青山就是金山银山"的理念，对于城市中违规排放污染气体、温室气体的企业和公司坚决依法追究，违法必究。其次，在城市发展中要权衡经济与生态的联系，在强调建设的同时也要考虑其可能产生的气候环境危害，在建成新区严格把控城市的开发强度与气体的排放标准，在老城区则要优化产业结构并合理增加城市的蓝绿空间配置，突出地铁、公交等绿色出行的重要性。此外，在高温酷暑、雾霾频发的季节，城市管理机构要制定相应的应急预案提供支撑，增强针对极端天气的应对措施。

5.3.2　强化部门沟通，高度重视风道建设（图 5-7）

城市的不同部门如自然资源局、环保局、园林局及气象局之间要加强沟通与协作，发挥各自的优势。在前期分析阶段，气象局与环保局要在合理布置站点的同时对高频静风区域与污染较严重的区域进行持续监测，以大数据分析平台为基础，通过多源数据的整合完善空间信息共享机制，在避免信息烦琐重复的基础上总结城市气候暴露的主要问题，并将其与城市规划、管理部门共享。而规划、管理部门则以建筑的调整布局以及植被水体等蓝绿空间的优化为出发点，对城市中的绿廊、绿带、河流等重要风道进行打造和维护，同时也要结合空间模拟技术对风环境的影响评估以及通风廊道的建设进行诊断，将研判结果反馈给气象、环保部门从而增加气象信息的适配性，使建设保障的过程更加科学与系统。

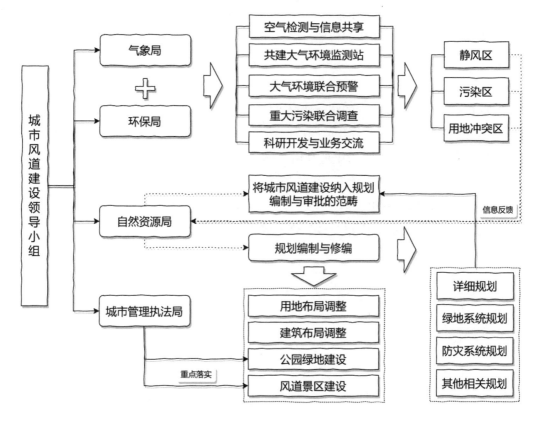

图 5-7　通风廊道建设部门协作框架图

（资料来源：方云皓.基于气候适宜性的城市通风廊道构建与管控研究[D].合肥：安徽建筑大学，2021.）

5.3.3　出台城市风道建设技术标准与相关条例

　　我国绝大部分城市在规划实践中对城市风道的重视程度仍然不足，尤其在当今全球城市化高规模、高密度、高频率大跨度流动的背景下，城市在营造过程中暴露出不同程度的弊端，城市规划建设与气候环境之间又产生了新的冲突，而在后新冠肺炎疫情的城市公共卫生防控中，更需要将城市风道的布局付诸实践。在城市建设与管理中，需要结合合肥的地理区位与建成环境特征，出台相应的技术标准与管理条例，对建筑形态及地表覆盖两类关键指标提出强制性要求，通过提出一套适用于城市的技术手段在技术、法规层面保障城市风道的建设与管理，为城市的可持续发展、良好人居环境的营造提供实践方向。

5.3.4　设立城市通风廊道专项规划

　　城市通风廊道的建设需要规划的控制和引导，在城市布局中需要设立专项规划来提供实践方向与技术保障。城市气候问题较为复杂，城市通风廊道作为一种探索方式需要在专项规划中设置系统的保障，结合本研究中的方法与结论，具体概况为三个方面：一是吸纳包含城市规划、气候、环境、生态等领域的研究人员；二是加强 CFD 模拟、大气监测等技术的开发与投资，提高规划的动态性与科学性；三是根据监测数据绘制城市风环境图集，在大数据平台共享风环境信息。但任何保障措施的提出都是在理想状态下对现实的

5

城市空间形态优化策略

115

一种尽可能的预测，尚不能完全反映所有的实际状况，更加全面、完善的关系保障模型亟待在后续科研计划中进一步论证与探讨。

5.4 本章小结

　　本章在结合情景方案模拟的实际情况下探讨应对气候变化的城市空间形态优化管控策略，首先提出城市空间形态优化的四项原则与发展目标，旨在减少污染，减缓城市病，遏制城市空间无序扩张，优化城市土地利用效率，防止资源破坏，正确处理和调控人和城市环境之间的相互关系；其次从建设保障措施的角度，提出加强大气污染防治与高温预警力度、强化部门沟通、出台城市风道建设技术标准与相关条例、设立城市风道体系专项规划四个层面的建议，为改善城市气候环境、创造健康人居环境提供视角。

参考文献

中文文献

陈云浩,李晓兵,史培军,等,2002.上海城市热环境的空间格局分析[J].地理科学,22(3):317-323.

崔胜辉,徐礼来,黄云凤,等,2015.城市空间形态应对气候变化研究进展及展望[J].地理科学进展,34(10):1209-1218.

单樑,荆万里,林姚宇,2013.基于SMART方法的低碳生态城市规划设计实践研究:以深圳国际低碳城启动区规划为例[J].华中建筑,31(9):129-133.

邓晓雯,2016.广东省交通基础设施对制造业的空间溢出效应研究[D].广州:广东财经大学.

杜红玉,2018.特大型城市"蓝绿空间"冷岛效应及其影响因素研究:以上海市为例[D].上海:华东师范大学.

樊亚鹏,徐涵秋,李乐,等,2014.广州市城市扩展及其城市热岛效应分析[J].遥感信息,29(1):23-29.

方云皓,2021.基于气候适宜性的城市通风廊道构建与管控研究:以合肥市主城区为例[D].合肥:安徽建筑大学.

峰一,2019.呼和浩特市城区热岛效应及其缓解措施研究[D].呼和浩特:内蒙古师范大学.

冯晓刚,石辉,2012.基于遥感的夏季西安城市公园"冷效应"研究[J].生态学报,32(23):7355-7363.

冯悦怡,胡潭高,张力小,2014.城市公园景观空间结构对其热环境效应的影响[J].生态学报,34(12):3179-3187.

谷凯,2001.城市形态的理论与方法:探索全面与理性的研究框架[J].城市规划,25(12):36-42.

顾康康,钱兆,方云皓,等,2020.基于ENVI-met的城市道路绿地植物配置对$PM_{2.5}$的影响研究[J].生态学报,40(13):4340-4350.

顾康康,祝玲玲,2018.合肥市主城区PM$_{2.5}$时空分布特征研究[J].生态环境学报,27(6):1107–1112.

郭晓黎,2014.我国交通基础设施对区域经济增长的空间溢出效应:基于省域数据的实证研究[D].北京:北京交通大学.

韩贵锋,蔡智,谢雨丝,等,2016.城市建设强度与热岛的相关性:以重庆市开州区为例[J].土木建筑与环境工程,38(5):138–147.

洪亮平,余庄,李鹍,2011.夏热冬冷地区城市广义通风道规划探析:以武汉四新地区城市设计为例[J].中国园林,27(2):39–43.

黄光宇,陈勇,1999.论城市生态化与生态城市[J].城市环境与城市生态,12(6):28–31.

姜荣,魏宁,陈亮,等,2016.上海市高温日的日最高气温空间分布特征及改善措施[J].气象与环境学报,32(5):84–91.

李顺毅,2018.低碳城市试点政策对电能消费强度的影响:基于合成控制法的分析[J].城市问题(7):38–47.

梁臻,2020.陕西省低碳城市发展水平评价研究[D].西安:西安理工大学.

蔺银鼎,韩学孟,武小刚,等,2006.城市绿地空间结构对绿地生态场的影响[J].生态学报,26(10):3339–3346.

蔺银鼎,武小刚,郝兴宇,等,2011.城市机动车道颗粒污染物扩散对绿化隔离带空间结构的响应[J].生态学报,31(21):6561–6567.

刘晓玮,2020.绿色城市指标体系比较研究及反思[D].北京:中国城市规划设计研究院.

刘宇峰,原志华,孔伟,等,2015.1993—2012年西安城区城市热岛效应强度变化趋势及影响因素分析[J].自然资源学报,30(6):974–985.

刘宇,匡耀求,吴志峰,等,2006.不同土地利用类型对城市地表温度的影响:以广东东莞为例[J].地理科学,26(5):5597–5602.

卢有朋,2018.城市街区空间形态对热岛效应的影响研究:以武汉市主城区为例[D].武汉:华中科技大学.

马杰,李晓锋,朱颖心,2013.住区微气候的数值模拟方法研究[J].太阳能学报,34(12):2133–2138.

马世骏,王如松,1984.社会-经济-自然复合生态系统[J].生态学报,4(1):1–9.

牛慧敏,涂建军,姚作林,等,2016.中国城市空气质量时空分布特征[J].河南科学,34(8):1317–1321.

彭保发,石忆邵,王贺封,等,2013.城市热岛效应的影响机理及其作用规律:以上海市为例[J].地理学报,68(11):1461–1471.

钱兆,2021.合肥市主城区蓝绿空间冷岛效应及空间优化研究[D].合肥:安徽建筑大学.

乔冠皓,陈警伟,刘肖瑜,等,2017. 两种常见绿化树种对大气颗粒物的滞留与再悬浮[J]. 应用生态学报,28(1):266-272.

沈清基,2000. 论城市规划的生态学化:兼论城市规划与城市生态规划的关系[J]. 规划师,16(3):5-9.

孙圳,2021. 基于街道$PM_{2.5}$分布的街谷空间形态设计策略研究:以合肥市淮河路步行街区为例[D]. 合肥:安徽建筑大学.

孙振如,2012. 南京市城市绿地降温效应研究[D]. 南京:南京大学.

王敏,孟浩,白杨,等,2013. 上海市土地利用空间格局与地表温度关系研究[J]. 生态环境学报,22(2):343-350.

王宁,2009. 天津生态城市评价指标体系研究[D]. 天津:天津财经大学.

王如松,欧阳志云,2012. 社会-经济-自然复合生态系统与可持续发展[J]. 中国科学院院刊,27(3):337-345.

王涛,王国祥,周梦翩,等,2016. 道路区域$PM_{2.5}$浓度的影响因素研究[J]. 环境污染与防治,38(8):25-31.

王薇,陈明,2016. 城市绿地空气负离子和$PM_{2.5}$浓度分布特征及其与微气候关系:以合肥天鹅湖为例[J]. 生态环境学报,25(9):1499-1507.

王伟武,张雍雍,2010. 城市住区热环境可控影响因素定量分析[J]. 浙江大学学报(工学版),44(12):2348-2353.

王占山,李云婷,陈添,等,2015. 2013年北京市$PM_{2.5}$的时空分布[J]. 地理学报,70(1):110-120.

王梓茜,程宸,杨袁慧,等,2018. 基于多元数据分析的城市通风廊道规划策略研究:以北京副中心为例[J]. 城市发展研究,25(1):87-96.

吴正旺,韩宇婷,吴彦强,2016a. $PM_{2.5}$在北京几种典型居住区中的分布及扩散比较[J]. 华中建筑,34(8):38-41.

吴正旺,王岩慧,单海楠,2016b. 基于$PM_{2.5}$分布不均现象的城市居住区景观格局分析[J]. 华中建筑,34(2):52-56.

肖玉,王硕,李娜,等,2015. 北京城市绿地对大气$PM_{2.5}$的削减作用[J]. 资源科学,37(6):1149-1155.

谢舞丹,吴健生,2017. 土地利用与景观格局对$PM_{2.5}$浓度的影响:以深圳市为例[J]. 北京大学学报(自然科学版),53(1):160-170.

杨貌,张志强,陈立欣,等,2016. 春季城区道路不同绿地配置模式对大气颗粒物的削减作用[J]. 生态学报,36(7):2076-2083.

叶祖达,2017. 城市适应气候变化与法定城乡规划管理体制:内容、技术、决策流程[J]. 现代城市研究,32(9):2-7.

于静,张志伟,蔡文婷,2011. 城市规划与空气质量关系研究[J]. 城市规划,35(12): 51-56.

俞珊,瞿艳芝,张增杰,等,2017. 典型区域容积率和大气污染物排放强度研究[J]. 生态经济(中文版),33(4):139-142.

张伟,2015. 居住小区绿地布局对微气候影响的模拟研究[D]. 南京:南京大学.

郑子豪,陈颖彪,千庆兰,等,2016. 基于三维模型的城市局地微气候模拟[J]. 地球信息科学学报,18(9): 1199-1208.

朱江江,王晓红,2011. 长株潭城市群低碳绿地建设中C4植物的应用初探[J]. 中南林业科技大学学报,31(7): 201-204.

祝玲玲,2019a. 合肥市居住区空间形态与$PM_{2.5}$浓度关系模拟及优化研究[D]. 合肥:安徽建筑大学.

祝玲玲,顾康康,方云皓,2019b. 基于ENVI-met的城市居住区空间形态与$PM_{2.5}$浓度关联性研究[J]. 生态环境学报,28(8):1613-1621.

邹源,胡春胜,2008. 城市微气候影响因素及区域信息图之浅析[J]. 武汉理工大学学报,30(8): 178-180.

英文文献

Abhijith K V, Kumar P, 2019. Field investigations for evaluating green infrastructure effects on air quality in open-road conditions[J]. Atmospheric Environment, 201: 132-147.

Howard L,1833. The climate of London deduced from meteorological observation[M].London: Harvey and Darton:1-24.

Kabisch N, Haase D, 2013. Green spaces of European cities revisited for 1990-2006[J]. Landscape and Urban Planning, 110: 113-122.

Kong F H, Yan W J, Zheng G, et al, 2016. Retrieval of three-dimensional tree canopy and shade using terrestrial laser scanning (TLS) data to analyze the cooling effect of vegetation [J]. Agricultural and Forestmeteorology, 217: 22-34.

Li L F, Wu A H, Cheng I, et al, 2017. Spatiotemporal estimation of historical $PM_{2.5}$ concentrations using PM_{10}, meteorological variables, and spatial effect[J].Atmospheric Environment, 166: 182-191.

Lu S W, Yang X B, Li S N, et al, 2018. Effects of plant leaf surface and different pollution levels on $PM_{2.5}$ adsorption capacity[J]. Urban Forestry & Urban Greening, 34: 64-70.

Meggers F, Aschwanden G, Teitelbaum E, et al, 2016. Urban cooling primary energy reduction potential: System losses caused by microclimates[J]. Sustainable Cities and Society, 27: 315-323.

应对气候变化：城市空间形态优化方法研究
Yingdui Qihou Bianhua Chengshi Kongjian Xingtai Youhua Fangfa Yanjiu

Middel A, Häb K, Brazel A J, et al, 2014. Impact of urban form and design on mid-afternoon microclimate in Phoenix Local Climate Zones[J]. Landscape and Urban Planning, 122: 16–28.

Sailor D J, Lu L, 2004. A top-down methodology for developing diurnal and seasonal anthropogenic heating profiles for urban areas[J]. Atmospheric Environment, 38(17): 2737–2748.

Sanusi R, Johnstone D, may P, et al, 2017. Microclimate benefits that different street tree species provide to sidewalk pedestrians relate to differences in Plant Area Index[J]. Landscape and Urban Planning, 157: 502–511.

Sánchez I A, McCollin D, 2015. A comparison of microclimate and environmental modification produced by hedgerows and dehesa in the Mediterranean region: A study in the Guadarrama region, Spain[J]. Landscape and Urban Planning, 143: 230–237.

UN-Habitat, 2011. Cities and climate change: Global report on human settlements 2011 [R]. London: UN-Habitat.

van Donkelaar A, Martin R V, Brauerm, et al, 2016. Global estimates of fine particulate matter using a combined geophysical-statistical method with information from satellites, models, and monitors[J]. Environmental Science & Technology, 50(7): 3762–3772.

Wong P Y, Lai P C, Low C T, et al, 2016. The impact of environmental and human factors on urban heat and microclimate variability[J]. Building and Environment, 95: 199–208.

Xie C K, Kan L Y, Guo J K, et al, 2018. A dynamic processes study of PM retention by trees under different wind conditions[J]. Environmental Pollution, 233: 315–322.

Yuan M, Song Y, Huang Y P, et al, 2019. Exploring the association between the built environment and remotely sensed $PM_{2.5}$ concentrations in urban areas[J]. Journal of Cleaner Production, 220: 1014–1023.

Zhou Y J, Zhou J X, 2017. Urban atmospheric environmental capacity and atmospheric environmental carrying capacity constrained by GDP-$PM_{2.5}$[J]. Ecological Indicators, 73: 637–652.